Ovnis, abducciones y expedientes X

colección
TABLA
ESMERALDA

La Colección *Tabla Esmeralda* es mucho más que una serie de libros: es una invitación a descubrir tu poder interior y a explorar los secretos más ocultos del universo. A través de una selección exquisita de obras emblemáticas en los campos del esoterismo, la autoayuda y el pensamiento espiritual, esta colección está pensada para aquellos que buscan expandir su conciencia y comprender los misterios que han fascinado a la humanidad desde tiempos ancestrales.

Cada libro te guiará en un viaje profundo hacia el conocimiento místico y el desarrollo personal, ayudándote a desentrañar los enigmas que rodean la existencia humana y a conectar con el poder transformador de la mente y el alma. Si sientes el llamado de lo desconocido, si anhelas descubrir verdades ocultas y elevar tu ser a nuevas dimensiones, la Colección Tabla Esmeralda es el compañero perfecto en tu búsqueda espiritual.

JAVIER ABRAHAM JIMÉNEZ

OVNIS, ABDUCCIONES Y
EXPEDIENTES X

ALCARAZ
EDICIONES

© Alcaraz Ediciones, 2025
© Javier Abraham Jiménez, 2025

Mare Nostrum, 44
46420 – El Perelló
Sueca, Valencia
Teléf.: (+34) 910 46 54 33
e-mail: info@ alcarazediciones.es
https://alcarazediciones.es

I.S.B.N.: 979-13-87586-90-4

Diseño y maquetación: Iván García Molinero
Printed in Spain / Impreso en España

ÍNDICE

PRÓLOGO:
LA FASCINACIÓN POR
LO DESCONOCIDO

Desde que el ser humano tuvo conciencia de su pequeñez frente al firmamento, miró hacia el cielo no sólo con asombro, sino con una pregunta clavada en el alma: ¿estamos solos? Las estrellas, esos fuegos lejanos que guiaron a navegantes, pastores y profetas, siempre han ofrecido más preguntas que respuestas. En esa vastedad oscura donde habita el silencio del cosmos, el misterio se volvió constante.

En el siglo XX, con la irrupción de la tecnología aérea y la carrera espacial, aquella antigua inquietud adquirió nuevas formas: luces que no eran estrellas, objetos que desafiaban las leyes de la física, testimonios inquietantes que cruzaban fronteras y credos. La palabra *ovni* (Objeto Volador No Identificado), aunque nacida en el lenguaje técnico de la Fuerza Aérea estadounidense, rápidamente se instaló en el imaginario colectivo como símbolo de una realidad paralela, de un secreto a medias compartido entre gobiernos y cielos.

"Creo que los objetos voladores no identificados existen y son operados por seres inteligentes que poseen una tecnología muy superior a la nuestra", declaró el astronauta Gordon Cooper, uno de los primeros estadounidenses en viajar al espacio. Su testimonio no fue una excepción, sino parte de un coro creciente de voces que, desde puestos de autoridad, reconocían haber visto lo inexplicable.

El misterio se alimentó tanto de testimonios como de silencios. ¿Por qué los gobiernos archivaban —y en muchos casos ocultaban— cientos de expedientes sobre avistamientos? ¿Por qué los pilotos militares eran instruidos para no hablar? ¿Por qué las personas abducidas eran tratadas como locas o farsantes, a pesar de la coherencia de sus relatos y la similitud de los síntomas? ¿Qué sabía realmente el Pentágono, la NASA, o incluso el Ministerio de Defensa español?

"No puedo hablar en detalle de lo que vi porque está clasificado. Pero puedo decir que los objetos que encontramos eran reales, y no eran nuestros", dijo el comandante David Fravor, piloto de élite de la Marina de EE. UU., quien persiguió el famoso *objeto Tic-Tac* en 2004, uno de los incidentes más documentados de la era moderna.

Este libro no pretende probar nada con fe ciega ni con escepticismo militante. No es un manifiesto ni una novela fantástica. Es una crónica. Una exploración seria, documentada y reflexiva de un fenómeno que se resiste a encajar en nuestros esquemas. Un recorrido por las luces que han surcado nuestros cielos, las personas que aseguran haber sido llevadas más allá de la comprensión, y los documentos —antes secretos— que revelan que el poder sabe más de lo que dice.

"No estamos solos en el universo. Han venido aquí muchas veces y no sólo desde otras estrellas, sino desde otras dimensiones del espacio-tiempo", afirmó el exministro de Defensa canadiense Paul Hellyer, quien aseguró haber tenido acceso a informes confidenciales tras su paso por el gobierno.

En España también hemos tenido nuestros propios expedientes X. Casos como el de Manises, Talavera la Real o el avión de Zorita están recogidos en los archivos oficiales del Ejército del Aire. Fueron reconocidos, investigados y —en muchos casos— silenciados. Algunos informes aún hoy llegan con párrafos tachados. Y sin embargo, el fenómeno persiste.

"No me cabe duda de que el fenómeno ovni es real, y se ha producido en nuestras propias instalaciones militares", admitió Nick Pope, quien durante años estuvo al frente del programa de investigación de ovnis del Ministerio de Defensa del Reino Unido.

Más allá de creer o no creer, *Ovnis, abducciones y expedientes X* es una invitación a mirar hacia arriba y, al mismo tiempo, hacia dentro. Porque el fenómeno ovni, como toda gran interrogación humana, no sólo señala hacia las estrellas, sino también hacia el corazón mismo de nuestra condición. ¿Qué buscamos ahí afuera, cuando alzamos los ojos al cielo? ¿Respuestas, compañía, redención?

Tal vez no estamos solos. Tal vez nunca lo estuvimos. Tal vez el verdadero misterio no está en ellos, sino en nosotros.

PRIMERA PARTE:
LUCES EN EL CIELO: HISTORIA Y ENCUBRIMIENTO

Capítulo 1: Los primeros testigos: del Antiguo Egipto a Kenneth Arnold

Antes de que existiera la palabra *ovni*, el cielo ya hablaba a los humanos. Lo hacía a través de mitos, visiones, presagios y señales. Las primeras civilizaciones interpretaron lo que veían arriba como la manifestación de los dioses: carros de fuego, escudos voladores, truenos con forma, estrellas que bajaban a la tierra. Las tablillas mesopotámicas, los papiros egipcios y los textos védicos son testigos silenciosos de esas descripciones.

Uno de los registros más citados por los ufólogos se encuentra en el Papiro Tulli, atribuido al reinado de Tutmosis III (alrededor de 1500 a. C.). Allí se menciona un fenómeno inquietante: "En el año 22 del tercer mes del invierno, en la sexta hora del día… aparecieron en el cielo discos de fuego… No tenían cabeza… Su aliento emanaba un hedor fétido. Sus cuerpos eran una vara de longitud y un ancho de una palma… flotaban en el cielo con gran ruido". Aunque su autenticidad ha sido puesta en duda, el texto refleja la forma en que las culturas antiguas relataban lo inexplicable.

En la *Biblia,* el profeta Ezequiel describe una visión que ha sido reinterpretada por investigadores como una posible referencia a tecnología no humana: "Y miré, y he aquí venía del norte un viento tempestuoso, una gran nube con un fuego envolvente... y en medio de ella, una figura como de bronce refulgente" (Ezequiel 1:4). Esta nube contenía criaturas vivientes con ruedas dentro de ruedas que se movían en perfecta sincronía. Para algunos teólogos, es pura alegoría mística; para otros, una proto-descripción de una nave.

Las culturas precolombinas tampoco fueron ajenas a estas visiones celestes. En los códices mayas y mexicas aparecen seres descendiendo de estrellas, esferas brillantes y objetos que cruzan el firmamento como presagios. El dios Quetzalcóatl, representado a menudo descendiendo de lo alto en forma de serpiente emplumada, ha sido interpretado por algunos autores como un "dios astronauta".

Más allá de la interpretación moderna, lo evidente es que el cielo ha sido escenario de fenómenos luminosos anómalos desde la antigüedad. Lo que antes se leía como teofanía, hoy se interroga con categorías más científicas —aunque igual de inciertas—.

Durante la Edad Media, el fenómeno persistió y se codificó según los símbolos de la época: ángeles, demonios, carros celestiales, "signos del cielo". Las crónicas monásticas, obsesionadas con las señales del Juicio Final, registraron apariciones celestes con detalle sorprendente.

En el año 776, durante el asedio sajón al castillo de Sigiburg (Alemania), testigos aseguraron ver "dos grandes escudos ardientes" flotando sobre la iglesia, lo que provocó el pánico entre los atacantes. El cronista *Laurentius de Hildesheim* escribió: "Vieron en el cielo la forma de dos grandes círculos luminosos que brillaban como el sol, flotando sobre el castillo".

Otra crónica destacada proviene del año 1290, en la Abadía de Byland, en Yorkshire, Inglaterra. Un monje anotó: "Un objeto redondo, grande como una mesa, flotó en el aire con gran velocidad y silencio sobre la comunidad. Los hermanos quedaron aterrados y detuvieron la lectura de las escrituras". Este episodio, registrado en latín, fue rescatado siglos después por historiadores del fenómeno.

Incluso el tapiz de Bayeux, que narra la conquista normanda de Inglaterra en 1066, muestra lo que parece un cometa (¿o algo más?) observado por los testigos de la época. Aunque se atribuye al paso del cometa Halley, su inclusión visual demuestra cómo un objeto celeste no identificado generaba inquietud y era digno de ser bordado en la historia.

En tiempos en que no existía la ciencia como tal, los fenómenos celestes eran interpretados a través del prisma de la religión, el augurio y el temor. Sin embargo, muchas de esas narraciones, con su lenguaje precientífico, describen comportamientos muy similares a los que hoy se atribuyen a los *FANIs*: desplazamientos abruptos, forma circular, luminosidad intensa, silencio o zumbido.

El 24 de junio de 1947, a bordo de su pequeño avión CallAir A-2, el piloto civil Kenneth Arnold sobrevolaba el Monte Rainier, en el estado de Washington (EE.UU.), cuando observó una formación de nueve objetos brillantes moviéndose a gran velocidad. Arnold, un hombre sobrio, aficionado al vuelo y sin antecedentes de fantasías, describió lo que vio con detalle: "volaban en línea recta, como un escuadrón en formación, reflejaban la luz del sol y se desplazaban con movimientos erráticos, como platos lanzados sobre el agua".

Su descripción fue recogida por la prensa, y un periodista malinterpretó su frase.

Así nació el término "flying saucer" (platillo volante), que marcaría la era moderna del fenómeno ovni.

Aunque Arnold nunca afirmó que los objetos fueran en forma de plato (más bien tenían forma de media luna o búmeran), el término se popularizó de inmediato. En pocas semanas, cientos de personas en todo Estados Unidos empezaron a reportar avistamientos similares. El fenómeno había despertado, no en los cielos, sino en la conciencia colectiva.

Este caso no sólo inaugura la era de los *ovnis modernos*, sino también la reacción institucional: la Fuerza Aérea inicia investigaciones (como el Proyecto Sign, luego Grudge y finalmente Blue Book) ante la sospecha de que podrían tratarse de artefactos soviéticos.

El propio Arnold declaró años más tarde: "Nunca dije que fueran naves de otro mundo. Sólo dije que eran algo que nunca había visto antes, y que se movían de una manera que ningún avión podía igualar".

Ese episodio cambió para siempre la manera en que el mundo miraba al cielo. Los antiguos carros de fuego se convirtieron en discos metálicos. Lo sobrenatural se volvió tecnológico. Y la pregunta ancestral, esa que nos acompaña desde el principio, volvió a hacerse urgente: ¿quiénes son ellos?

Capítulo 2: Roswell: el mito fundacional del siglo XX

El 8 de julio de 1947, un escueto pero explosivo comunicado emitido por la Base Aérea de Roswell (Nuevo México) provocó un terremoto informativo: "El personal del Grupo 509 de Bombardeo del Octavo Ejército del Aire ha recuperado un platillo volante en un rancho cercano a Roswell".

La historia la firmaba el oficial de relaciones públicas Walter Haut y fue confirmada por el comandante de la base, el coronel William Blanchard. La nota recorrió el país en minutos. La radio lo anunció. Los periódicos lo publicaron. El ejército había capturado un platillo volante. Por primera vez en la historia moderna, una institución militar admitía abiertamente el hallazgo de un objeto volador no identificado.

Pero al día siguiente, todo cambió. El General Roger Ramey, comandante de la Octava Fuerza Aérea, convocó una rueda de prensa en Fort Worth (Texas), donde mostró los restos de lo que ahora se describía como un globo meteorológico, sin valor alguno. La historia fue sepultada tan rápido como había surgido. El oficial que acompañaba a Ramey, el Mayor Jesse Marcel, fue fotografiado sosteniendo papeles de aluminio arrugado y restos de madera balsa. "Nada que ver aquí", decían entre líneas las imágenes.

Sin embargo, Marcel nunca creyó esa versión oficial. Décadas más tarde, confesó: "Lo que recogí en ese rancho no era de este mundo. Era un material que no se podía romper, ni quemar, ni cortar. Era algo que no habíamos visto jamás".

Con esa afirmación comenzó a formarse el verdadero mito de Roswell. El incidente ya no era solo una anécdota militar, sino el núcleo de una sospecha mayor: el gobierno sabía más de lo que decía, y algo importante había sido encubierto.

La cobertura mediática de Roswell fue breve, intensa y contradictoria. El Roswell Daily Record tituló el 9 de julio: "RAAF captura platillo volante en un rancho de la región".

Un día después, ese mismo diario publicó una nueva nota: "General desmiente el hallazgo. Era un globo del clima".

La reacción pública fue de desconcierto, pero la guerra de versiones estaba apenas comenzando. Mientras los medios abandonaban el caso, algunos ciudadanos comenzaron a hablar: el ranchero Mac Brazel, los vecinos que aseguraron haber visto luces y ruidos extraños, y sobre todo, enfermeras y personal médico del Hospital de Roswell, que afirmaron haber sido testigos —y luego silenciados— tras atender restos biológicos no humanos.

En los años 80, el investigador Stanton Friedman reavivó el caso tras entrevistar a Jesse Marcel y otros testigos. A partir de ahí, comenzaron a surgir versiones cada vez más elaboradas: que los cuerpos recuperados eran seres extraterrestres, que había habido dos naves siniestradas, que los restos fueron llevados al Área 51, que incluso Harry Truman había ordenado crear un grupo secreto llamado Majestic 12 para controlar la información.

En 1994, presionado por las solicitudes del Congreso estadounidense, el Pentágono publicó un informe oficial en el que admitía que los restos recuperados eran parte del Proyecto Mogul, un programa ultrasecreto que usaba globos para detectar pruebas nucleares soviéticas en la atmósfera. Según el informe, la confusión fue producto del secretismo y del pánico mediático.

Aun así, los escépticos apuntaron a un detalle crucial: ¿por qué ocultar un globo meteorológico durante décadas? ¿Por qué sellar documentos y negar el testimonio de quienes afirmaban haber visto "cuerpos no humanos"?

Más allá de lo que realmente ocurrió, Roswell se convirtió en el corazón simbólico del fenómeno ovni. Representa el punto exacto donde la curiosidad ciudadana, el secreto militar y la cultura popular se cruzaron para crear un mito moderno.

Desde los años 90, la pequeña ciudad ha abrazado su lugar en la historia: museos, festivales, estatuas, souvenirs. Roswell no solo es un lugar físico: es un concepto. Un ícono de la sospecha contemporánea. En palabras de Carl Sagan: "Roswell nos habla más de lo que tememos y deseamos creer que de lo que en realidad ocurrió".

Series como *Expediente X*, películas como *Independence Day*, videojuegos, cómics y novelas han reciclado y multiplicado la narrativa. Lo que fue un hecho confuso en un desierto de Nuevo México se convirtió en el modelo narrativo de todos los encubrimientos, el referente inevitable cuando se habla de secretos del gobierno, seres de otros mundos y fenómenos inexplicables.

Roswell es un espejo de nuestra época: desconfiada, obsesionada con la verdad oculta, convencida de que "nos mienten". Es el lugar donde la leyenda se volvió más poderosa que el informe técnico, y donde el *ovni* dejó de ser un objeto para convertirse en símbolo.

Capítulo 3: Proyectos secretos: Blue Book, Sign y Grudge

Tras el incidente de Roswell en 1947 y la oleada de avistamientos ocurrida ese mismo año —más de 850 reportes oficiales en todo el país—, el gobierno de los Estados Unidos comprendió que el fenómeno ovni no era una anécdota, sino un problema de seguridad, percepción pública y control político. Había que investigarlo. Pero, sobre todo, había que administrarlo.

Así nacieron los primeros proyectos oficiales de estudio de objetos voladores no identificados por parte de la US Air Force. El primero fue el Proyecto Sign (1948), con base en la Base Aérea Wright-Patterson, en Ohio. Su enfoque inicial fue abierto y técnico: se analizó cada reporte con detalle, incluso se barajó la hipótesis extraterrestre como "la más lógica" para explicar ciertas maniobras imposibles de replicar con tecnología humana.

El llamado "Estimado de la situación", informe interno del proyecto Sign (hoy perdido o clasificado), habría llegado a la conclusión de que "algunos objetos podrían tener origen interplanetario". El general Hoyt Vandenberg, jefe de Estado Mayor de la Fuerza

Aérea, rechazó esta posibilidad y destruyó el informe, según testimonios de la época.

En 1949, el optimismo racional del Proyecto Sign fue sustituido por el escepticismo institucional del Proyecto Grudge, cuyo objetivo era cerrar el tema cuanto antes. Los informes se filtraban con tono burlón, los testigos eran desacreditados, y las conclusiones siempre apuntaban a causas convencionales: globos, reflejos, ilusiones ópticas o avistamientos erróneos de aviones. El mensaje era claro: no hay nada que ver.

Pero el fenómeno no desapareció. De hecho, aumentó. En 1952, una serie de avistamientos sobre Washington D.C., registrados por radares y aviones militares, obligaron a reabrir el debate. Las luces se vieron desde tierra y aire. Hubo interceptaciones fallidas. Y lo más inquietante: los objetos desaparecían súbitamente del radar. El gobierno volvió a interesarse en serio.

Así nació el más célebre de los proyectos oficiales: el Proyecto Blue Book (1952–1969).

En 1966, bajo la presión pública y mediática (alimentada por casos como el del policía Lonnie Zamora en Nuevo México o los sucesos en Michigan), la Fuerza Aérea encomendó a la Universidad de Colorado una evaluación científica final sobre los ovnis. Al frente del equipo se puso al físico Edward U. Condon, con prestigio académico y fama de escéptico.

El resultado fue el Informe Condon, publicado en 1969 tras tres años de trabajo. Sus conclusiones fueron tajantes: "Nada en los ovnis justifica un estudio científico continuo." / "Ningún caso analizado sugiere que representen una amenaza para la seguridad nacional." / "No se ha encontrado evidencia de que los ovnis sean de origen extraterrestre."

Sin embargo, el informe fue ampliamente criticado, incluso por miembros del propio equipo. El doctor David Saunders, uno de los científicos participantes, denunció que "la investigación estaba viciada desde el principio" y que Condon había decidido sus conclusiones antes de estudiar los casos.

El astrónomo J. Allen Hynek, antiguo asesor del Proyecto Blue Book, calificó el informe como "una gran oportunidad perdida para la ciencia" y sostuvo que "el fenómeno merecía una investigación honesta y rigurosa, no un cierre político disfrazado de evaluación científica".

Aun así, el informe fue utilizado por la Fuerza Aérea como justificación para cerrar el Proyecto Blue Book y suspender toda investigación oficial sobre ovnis.

¿REALMENTE FUE ASÍ?

Durante sus 17 años de funcionamiento, el Proyecto Blue Book recogió más de 12.000 informes de avistamientos, de los cuales 701 quedaron sin explicación definitiva. Su responsable más conocido fue el astrónomo J. Allen Hynek, inicialmente escéptico, pero cada vez más inclinado a pensar que el fenómeno no podía reducirse a confusiones meteorológicas.

"Yo fui contratado para explicar los ovnis, pero terminé convencido de que no todos podían explicarse", confesó Hynek años después.

Uno de los casos que más le impactó fue el incidente de la escuela Zamora (1964), donde un oficial de policía observó un objeto con forma de huevo aterrizar, y vio salir de él dos pequeñas figuras humanoides vestidas de blanco. Las marcas del aterrizaje fueron analizadas y confirmadas por expertos. Hynek no pudo explicarlo. Y el Proyecto Blue Book tampoco.

A medida que aumentaban los informes y la presión ciudadana, el Proyecto Blue Book fue perdiendo credibilidad. Internamente, muchos oficiales sabían que el objetivo real no era descubrir la verdad, sino "controlar la narrativa pública", calmar los ánimos y proteger la imagen de la Fuerza Aérea.

En 1969, el proyecto fue oficialmente clausurado. La excusa: el Informe Condon. La realidad: un cúmulo de dudas sin resolver.

Pero el fenómeno no desapareció. De hecho, se volvió más complejo, más profundo y más escurridizo. El cierre de Blue Book marcó el fin de la era oficial, pero también el inicio del escepticismo institucional, la proliferación de investigaciones independientes, y la creciente sospecha de que el encubrimiento era parte del fenómeno en sí.

Como dijo el ex director de la CIA Roscoe Hillenkoetter: "Detrás de escena, oficiales de alto rango están seriamente preocupados por los ovnis. Pero a través del secreto oficial y el ridículo, muchos ciudadanos son llevados a creer que los objetos voladores desconocidos son una tontería".

Capítulo 4: Ovnis vs FANIs: ¿De qué estamos hablando realmente?

D urante décadas, la palabra *ovni* —Objeto Volador No Identificado— fue sinónimo de platillo volante, de luces imposibles y visitantes interestelares. Su origen es estrictamente técnico, pero su evolución fue cultural. Cuando se decía "ovni", no se pensaba en un fenómeno sin explicación, sino en extraterrestres, encuentros del tercer tipo o conspiraciones gubernamentales.

Este imaginario, alimentado por la literatura pulp, la televisión, los cómics y el cine de ciencia ficción, convirtió el término en algo problemático para la ciencia y el estamento militar. Hablar de ovnis era asumir el ridículo.

Por eso, en los últimos años, especialmente desde el informe preliminar del Pentágono en 2021, comenzó a imponerse un nuevo término: UAP (*Unidentified Aerial Phenomena*) o su traducción directa al español: FANI (Fenómeno Aéreo No Identificado). El cambio no es casual, ni semántico: es estratégico.

"Queríamos desvincular la terminología de la cultura popular. OVNI estaba contaminado. FANI es una categoría más neutra, más científica", explicó Luis Elizondo, exdirector del programa AATIP (Programa Avanzado de

Identificación de Amenazas Aeroespaciales del Departamento de Defensa de EE.UU.).

Este cambio de siglas supone una redefinición del fenómeno: ya no se habla necesariamente de objetos sólidos, sino de fenómenos. Ya no se presupone origen inteligente, sino comportamientos anómalos. Y, sobre todo, se abre el campo a hipótesis múltiples: desde tecnología desconocida hasta errores de percepción, pasando por fenómenos atmosféricos o electromagnéticos aún mal comprendidos.

En su definición más reciente, un FANI (UAP) es: "Cualquier fenómeno observable en el espacio aéreo que no pueda ser identificado de inmediato y cuya naturaleza o trayectoria desafíe los modelos conocidos de vuelo o comportamiento atmosférico".

Esta definición, adoptada por organismos como la NASA, el Pentágono y fuerzas aéreas de varios países, permite estudiar los casos sin asociarlos directamente con naves, vehículos o entidades tecnológicas. No se habla de objetos, sino de manifestaciones.

La Marina de EE.UU., tras la publicación de los vídeos Tic-Tac, Gimbal y GoFast, comenzó a utilizar el término FANI en sus registros oficiales. Estos vídeos muestran objetos (o efectos) que:

- Se desplazan a velocidades extremas sin propulsión visible
- Cambian de dirección de forma instantánea
- Aparecen y desaparecen del radar sin rastro térmico
- Vuelan por aire, mar y a veces entran al agua sin resistencia

Este tipo de fenómeno ha sido clasificado como "anomalias transmedium", es decir, tecnologías (o efectos) que atraviesan distintos medios físicos sin alteración observable, un comportamiento que ninguna aeronave humana puede replicar.

Los informes más recientes del Pentágono indican que al menos 171 fenómenos detectados entre 2004 y 2023 siguen sin explicación. Algunos se consideran potenciales amenazas debido a su incursión en espacio aéreo restringido, pero no se ha confirmado hostilidad ni intención inteligible.

DIFERENCIAS CLAVE: OBJETO VS FENÓMENO –
IDENTIFICABLE VS ANÓMALO

Aspecto	OVNI	FANI
Acrónimo	Objeto Volador No Identificado	Fenómeno Aéreo No Identificado
Foco	Objeto físico con comportamiento anómalo	Evento, efecto o manifestación no identificada
Connotación cultural	Alta (extraterrestres, teorías de la conspiración)	Baja (término técnico y neutral)
Uso institucional	Tradicional (1947–2000s)	Actual (Pentágono, NASA, OTAN)
Hipótesis principales	Tecnología no humana, visitantes	Fenómenos atmosféricos, experimentación secreta, IA, errores sensoriales
Marco de análisis	Ufología, cultura popular	Ciencia de datos, análisis espectral, inteligencia militar

Mientras que el *ovni* implica una entidad, el *FANI* propone una incógnita. Se trata de una mutación conceptual: el cambio de un símbolo a una categoría de análisis.

El fenómeno FANI abre la puerta a interpretaciones múltiples que no se excluyen entre sí:

A) FENÓMENOS ATMOSFÉRICOS MAL COMPRENDIDOS

Algunos eventos podrían explicarse por descargas eléctricas raras, relámpagos tipo *sprites*, ilusiones ópticas atmosféricas o incluso efectos electromagnéticos inducidos por plasma. La atmósfera, pese a siglos de estudio, aún guarda sorpresas.

B) TECNOLOGÍA SECRETA TERRESTRE

Otra hipótesis es que algunos fenómenos sean prueba de drones experimentales hipersónicos, vehículos transmedios o proyectos secretos de EE.UU., China o Rusia. El secretismo tecnológico puede dar lugar a interpretaciones erróneas.

"Lo que muchos llaman ovnis podría ser simplemente tecnología avanzada aún no revelada por motivos estratégicos", opinó el general John Hyten, exvicepresidente del Estado Mayor Conjunto de EE.UU.

C) SISTEMAS DE INTELIGENCIA ARTIFICIAL AUTÓNOMA

Una posibilidad emergente es que algunos objetos no identificados correspondan a drones con IA avanzada, capaces de tomar decisiones y reaccionar ante estímulos sin intervención humana. Esto plantearía un nuevo paradigma: inteligencia no humana, pero no extraterrestre.

d) TECNOLOGÍA NO HUMANA

La hipótesis más inquietante —y menos admitida— sigue siendo la existencia de tecnología ajena a nuestra civilización. Algunos fenómenos observados no solo violan las leyes de la física conocida, sino que presentan patrones de comportamiento, interacción inteligente o resistencia a todo tipo de detección.

"Algunos eventos no tienen explicación técnica. No podemos decir que sean extraterrestres, pero no podemos descartarlo", dijo en 2023 el ex director de inteligencia nacional de EE.UU., John Ratcliffe.

En resumen, el paso de *ovni* a *FANI* representa más que un cambio de palabra: es una nueva forma de enfrentarse al misterio con menos prejuicio, pero también con mayor cautela. El fenómeno no desapareció: simplemente cambió de nombre… y sigue allí, mirándonos desde un cielo que nunca fue tan silencioso como creíamos.

SEGUNDA PARTE:
ABDUCCIONES: EL ROSTRO
ÍNTIMO DEL MISTERIO

Capítulo 5: Raptos del cielo: anatomía de una abducción

Pocas experiencias humanas son tan desconcertantes como las que describen quienes afirman haber sido abducidos. No se trata ya de ver una luz en el cielo o un objeto lejano, sino de ser intervenido, tomado, trasladado —a veces físicamente, a veces en conciencia— a un lugar extraño donde entidades no humanas realizan experimentos, procedimientos o comunicaciones.

Los relatos suelen seguir una estructura básica sorprendentemente repetida en todo el mundo:

- El episodio suele comenzar con la aparición de una luz intensa o un objeto silencioso suspendido en el cielo.

- Luego, el testigo experimenta una parálisis o alteración de la percepción del tiempo.

- Después, el entorno cambia: muchos afirman ser "elevados" hacia una nave o estructura luminosa.

- En ese lugar, tienen contacto con seres humanoides, generalmente descritos como bajos, de piel grisácea, grandes ojos negros, sin boca visible ni expresión emocional.

- Se llevan a cabo procedimientos médicos: extracción de fluidos, muestras de tejido, implantes metálicos. A veces, una comunicación mental.

- Finalmente, el testigo es devuelto. Muchas veces, desorientado, con lagunas temporales, marcas físicas inexplicables y una sensación de haber vivido algo real pero imposible de compartir.

"No tengo pruebas, sólo mi memoria, y eso me condena al silencio. Pero lo que viví fue tan real como estar despierto. Me miraban. Me examinaban. Sabían todo de mí", declara una mujer abducida en Galicia, cuyo testimonio fue recogido en los años 90 por el investigador Manuel Carballal.

Estos relatos, que en otro contexto serían asumidos como experiencias místicas o psiquiátricas, han sido repetidos en distintos países, culturas y décadas, lo que sugiere un patrón universal difícil de reducir al engaño o la invención individual.

Tipología de experiencias

A partir de miles de testimonios recogidos por investigadores como John Mack, David Jacobs o Budd Hopkins, puede establecerse una tipología de experiencias de abducción:

A) ABDUCCIÓN CLÁSICA O MÉDICA

Es la forma más reportada: el sujeto es examinado por seres no humanos. Se describen salas blancas, luces azules, instrumental quirúrgico no convencional. Algunas mujeres han declarado haber sido objeto de inseminación artificial y luego haber visto a niños "híbridos".

B) ABDUCCIÓN ONÍRICA O VISIONARIA

La experiencia ocurre durante el sueño o en estados alterados de conciencia. El sujeto afirma haber estado "fuera del cuerpo", haber atravesado paredes o haber recibido mensajes simbólicos. Se mezcla lo visionario con lo físico.

C) CONTACTO BENÉVOLO O ESPIRITUAL

Más rara, pero reportada en ciertos casos. Los testigos describen a los seres como sabios, luminosos, incluso angélicos. Hay mensajes de advertencia para la humanidad, visiones del futuro y de catástrofes. Algunos relacionan la experiencia con una transformación personal.

d) Abducción fragmentada o reprimida

En muchos casos, el recuerdo emerge años después, a menudo mediante hipnosis regresiva. El sujeto comienza con sueños recurrentes, fobias, lapsos de tiempo perdidos o sensación de haber "vivido algo" sin saber qué. A veces, estos recuerdos son contradictorios o se mezclan con elementos arquetípicos.

Este abanico de experiencias sugiere que el fenómeno no es plano ni uniforme, y plantea una pregunta clave: ¿Estamos ante un hecho objetivo con múltiples formas, o ante una experiencia subjetiva con reflejo en lo real?

Las abducciones —reales o percibidas— dejan huellas profundas. A menudo, quienes las relatan no buscan fama ni atención: más bien viven con miedo, culpa o angustia. Muchos se sienten aislados, ridiculizados o incomprendidos, incluso por sus seres cercanos.

"Durante años pensé que estaba loco. Me diagnosticaron ansiedad severa, pero nadie supo decirme por qué. Hasta que un día, bajo hipnosis, recordé todo. Desde entonces, duermo con la luz encendida", declaró un testigo en un estudio realizado en Argentina.

Los efectos más comunes incluyen:

- Trastornos del sueño (insomnio, pesadillas, terrores nocturnos)
- Ansiedad generalizada

- Síndrome de estrés postraumático
- Miedo a dormir o estar solo
- Sensación de ser vigilado o seguido
- Conversión religiosa o filosófica
- En algunos casos, trastornos psicóticos o disociativos

El psiquiatra de Harvard John Mack, que estudió más de 200 casos en profundidad, concluyó que los abducidos no estaban locos, ni mentían, ni buscaban protagonismo. Vivían algo tan real para ellos como cualquier trauma:

"No se trata de probar si los alienígenas existen. Se trata de entender qué ocurre cuando tantas personas experimentan lo mismo, con tanto sufrimiento y tan poca credibilidad social".

Y es que las abducciones no son solamente un misterio del cielo: son, sobre todo, un enigma de la conciencia humana. Un territorio donde se cruzan la percepción, la memoria, el símbolo y —tal vez— el contacto con lo que aún no comprendemos.

Capítulo 6: Casos
emblemáticos en el mundo

Betty y Barney Hill (Estados Unidos, 1961)

El 19 de septiembre de 1961, Betty y Barney Hill regresaban a su casa en Portsmouth, New Hampshire, tras unas vacaciones en Canadá. Circulaban por una carretera solitaria cuando vieron una luz brillante que parecía seguirlos. Convencidos de que se trataba de un avión, pronto advirtieron que aquel objeto descendía y se acercaba. Barney se detuvo, tomó sus binoculares y observó algo que jamás olvidaría: "Vi figuras humanoides observándonos desde las ventanillas. Sentí un terror inmenso. Corrí al coche y le grité a Betty: ¡nos van a capturar!"

Tras eso, lo siguiente que recordaron fue que habían llegado a casa con dos horas de retraso. No sabían qué había ocurrido. Comenzaron a tener pesadillas recurrentes, y buscaron ayuda médica. Un psiquiatra, el Dr. Benjamin Simon, les practicó hipnosis regresiva por separado. Bajo trance, ambos relataron la misma historia:

- Una nave en forma de disco
- Seres de cabeza grande y ojos almendrados

- Un examen físico traumático
- Comunicación telepática

Este fue el primer caso documentado de abducción en la historia moderna. Fue ampliamente divulgado por la prensa y se convirtió en un referente cultural. Aunque algunos críticos lo atribuyen a alucinaciones inducidas por estrés racial (Barney era afroamericano y Betty blanca), la similitud de los testimonios, las marcas físicas, y la coherencia narrativa lo convierten en un caso fundacional.

Travis Walton (Estados Unidos, 1975)

El 5 de noviembre de 1975, en los bosques de Arizona, Travis Walton trabajaba como leñador junto a seis compañeros. Al anochecer, vieron una luz flotante sobre los árboles. Walton, curioso, bajó de la camioneta y se acercó. Entonces, una descarga de luz lo golpeó. Sus compañeros, aterrados, huyeron.

Durante cinco días, Travis estuvo desaparecido. Fue buscado por la policía, se sospechó incluso de asesinato. Cuando reapareció, desorientado y debilitado, contó que había sido llevado a una nave, rodeado por seres de distintos tipos —unos de aspecto alienígena, otros casi humanos—, y sometido a procedimientos médicos.

Lo más asombroso: todos sus compañeros pasaron la prueba del polígrafo, incluido él mismo. El caso fue llevado al cine con la película *Fire in the Sky* (1993) y se convirtió en uno de los ejemplos más creíbles —o perturbadores— de abducción.

"No pedí esto. No lo imaginé. Me cambió la vida para siempre. No soy un profeta ni un loco. Solo un hombre que vio algo imposible", dijo Travis años después.

A día de hoy, sigue afirmando que su experiencia fue real.

Antonio Villas Boas (Brasil, 1957)

En la madrugada del 16 de octubre de 1957, un joven agricultor brasileño de 23 años, Antonio Villas Boas, labraba su campo cerca de São Francisco de Sales cuando una nave luminosa descendió del cielo. Afirma que fue capturado por seres de baja estatura, con uniformes metálicos, y llevado al interior de la nave.

Allí, según su testimonio, fue desnudado, cubierto con un líquido gelatinoso y obligado a tener relaciones sexuales con una mujer de aspecto humano, piel blanca y cabello plateado. Luego, los seres se marcharon y lo devolvieron al campo. Villas Boas presentó quemaduras en la piel, síntomas de irradiación y fatiga extrema.

El caso fue investigado por el doctor Olavo Fontes, médico del ejército brasileño, que confirmó las lesiones. Villas Boas jamás se retractó de su historia. Estudió Derecho, se casó, tuvo hijos y llevó una vida normal. Su relato inauguró una tipología poco común: la de abducción con interacción sexual, que luego aparecería en otros casos en distintas partes del mundo.

"Me utilizaron como parte de un experimento. Creo que me usaron para reproducirse", declaró en una entrevista años más tarde.

Pascagoula (Estados Unidos, 1973)

La noche del 11 de octubre de 1973, en la ciudad de Pascagoula, Mississippi, dos obreros, Charles Hickson y Calvin Parker, pescaban junto al río cuando vieron una luz azulada y escucharon un zumbido metálico. Una nave en forma de cigarro descendió cerca de ellos. Tres seres de aspecto robótico, con garras en vez de manos, salieron y los paralizaron con una especie de rayo.

Ambos fueron llevados al interior del objeto, sometidos a exámenes físicos y devueltos minutos después. Parker, el más joven, cayó en shock. Hickson lo llevó directamente a la comisaría. El sheriff no les creyó... hasta que los dejó solos en la sala y los grabó en secreto. En esa cinta —hoy pública— se escucha a ambos hablando con auténtico terror sobre lo que acababa de ocurrir.

"No estamos locos. Lo que vimos era real. Lo que hicieron, también", dice Hickson en la grabación.

Décadas después, Calvin Parker escribió un libro contando su versión. Murió en 2023, sin retractarse jamás.

El caso Pascagoula es notable porque los testigos no buscaron atención pública, presentaban síntomas de estrés postraumático, y la grabación secreta respalda la veracidad emocional de sus palabras. Incluso la Marina de EE.UU. investigó el caso, sin ofrecer explicación alguna.

Estos cuatro casos no solo definieron la narrativa moderna del fenómeno abducción, sino que han resistido el paso del tiempo, el escrutinio mediático y la duda institucional. Todos ellos comparten elementos comunes: luz, parálisis, examen, silencio, transformación.

¿Fabricaciones? ¿Experiencias oníricas? ¿Encuentros reales con inteligencias no humanas? El misterio persiste, y con él, la profunda inquietud de que algo —o alguien— se acerca a nosotros cuando estamos más vulnerables.

Capítulo 7: La mente secuestrada: hipnosis, regresiones y recuerdos implantados

Desde los años setenta, la hipnosis regresiva ha sido una de las herramientas más utilizadas —y también más discutidas— para acceder a los recuerdos ocultos de quienes aseguran haber sido abducidos. La técnica consiste en inducir al sujeto a un estado alterado de conciencia, donde puede explorar episodios de su pasado que han quedado reprimidos, bloqueados o distorsionados.

El pionero de este enfoque en el contexto de las abducciones fue Budd Hopkins, artista plástico neoyorquino que comenzó a investigar el fenómeno tras un avistamiento personal. Sus sesiones con cientos de personas —algunas registradas en grabaciones y luego transcritas— revelaron un patrón repetitivo de encuentros, especialmente con seres grises y exámenes médicos. Sus libros, como *Intruders* o *Missing Time*, marcaron una época.

Posteriormente, el psiquiatra de Harvard John E. Mack legitimó el enfoque desde la academia. Mack entrevistó y trató a más de 200 abducidos. Bajo hipnosis, muchos relataban con angustia lo que parecía ser una experiencia real, cargada de trauma, incomprensión y una sensación de violación psíquica.

"No se trata de si los alienígenas existen o no. Se trata de qué ocurre en la mente de una persona cuando recuerda con todo su cuerpo y alma algo que no puede haber inventado", escribió Mack.

La hipnosis se convirtió así en un portal: una vía de entrada al recuerdo reprimido… o a la fabricación de una narrativa que intenta dar sentido al vacío.

Aquí comienza el gran debate. ¿Son estos recuerdos recuperados hechos reales, que fueron borrados de la conciencia por el shock o por intervención externa? ¿O son construcciones simbólicas —arquetipos, sueños, traumas disfrazados de invasores— que emergen bajo presión hipnótica?

El psiquiatra David Jacobs, también hipnoterapeuta, sostiene que los relatos obtenidos bajo hipnosis son demasiado coherentes, repetitivos y detallados como para ser mera ficción. Cree que existe un programa de hibridación biológica ejecutado por entidades no humanas, y que las abducciones son reales, sistemáticas y a gran escala.

Sin embargo, la comunidad científica en general es escéptica. Numerosos estudios han demostrado que la hipnosis puede aumentar la sugestión, y que el sujeto, deseando complacer al terapeuta o resolver una inquietud, puede crear recuerdos falsos con gran convicción.

"La mente no distingue fácilmente entre lo vivido y lo intensamente imaginado. Bajo hipnosis, esa frontera se borra", advierte la neuropsicóloga Elizabeth Loftus, reconocida por sus investigaciones sobre la maleabilidad de la memoria.

Algunos estudios han demostrado que sujetos sin antecedentes ovni, al ser hipnotizados y expuestos a ciertas preguntas, generan relatos similares a los de los abducidos reales. Esto sugiere una influencia cultural y narrativa en la construcción del "recuerdo".

La pregunta, por tanto, sigue abierta: ¿Es la hipnosis una excavadora de verdades ocultas, o una fábrica de mitos íntimos?

Con el auge de las regresiones y el interés por las abducciones, surgieron también abusos, manipulaciones y pseudoterapias. No todos los hipnoterapeutas estaban formados en psicología o psiquiatría. Algunos dirigían las sesiones con preguntas sugestivas, inducían tramas cada vez más complejas, o incluso explotaban la angustia de los pacientes para lucrarse con libros, documentales o conferencias.

Casos extremos revelaron incluso implantes de recuerdos falsos que condujeron a rupturas familiares, paranoia y deterioro mental. Personas convencidas de haber sido secuestradas por extraterrestres durante años, al ser reevaluadas por expertos forenses, resultaron haber sido víctimas de terapeutas inescrupulosos.

En los años noventa, el fenómeno de los "falsos recuerdos" se convirtió en una verdadera alerta en el mundo clínico. En respuesta, asociaciones profesionales de psiquiatras y psicólogos recomendaron no usar la hipnosis regresiva como prueba de hechos objetivos, y enfatizaron la necesidad de marcar los límites entre experiencia interna y veracidad histórica.

A pesar de ello, muchos testigos aseguran que la hipnosis no solo les devolvió el recuerdo, sino también la paz. Para ellos, nombrar el horror fue un primer paso para procesarlo.

"No me importa si alguien cree o no cree. Yo ahora sé lo que viví. Y eso me liberó", dijo una testigo abducida en Francia, tras veinte años de confusión y silencio.

La mente humana sigue siendo el mayor de los enigmas. ¿Hasta qué punto puede crear realidades? ¿Hasta qué punto puede ocultarlas? Las abducciones, vistas desde la hipnosis, parecen cruzar esa frontera borrosa entre el recuerdo, el símbolo y lo inexplicable. Y tal vez, en esa tierra de nadie, es donde verdaderamente habita el misterio.

Capítulo 8: El rostro del otro: arquetipos alienígenas y su simbolismo

Desde los primeros testimonios de abducción, los testigos describen entidades no humanas con una inquietante coherencia. A pesar de proceder de distintas culturas, lenguas y contextos, sus relatos comparten patrones visuales y simbólicos. Esto ha llevado a identificar tres arquetipos alienígenas principales, cada uno con su propio imaginario, función y connotación:

a) Los grises

Son los más citados. De baja estatura (1,20 m aprox.), cabezas grandes, ojos negros almendrados sin pupilas, piel gris o azulada, cuerpos delgados sin genitales visibles, sin boca ni nariz definida. Su presencia suele ser fría, impersonal, casi mecánica.

Los testigos los asocian con procedimientos médicos, exploración genética y control mental. Son vistos como científicos o drones biológicos. Para muchos, representan el temor a la deshumanización, al dominio tecnológico sin empatía.

"Me miraban como si yo fuera un objeto. Sabían todo de mí, pero no sentían nada", dice una mujer abducida en Nuevo México.

b) Los nórdicos o pleyadianos

Altos, rubios, de rasgos perfectos y ojos claros. Visten túnicas blancas o trajes ajustados brillantes. Se comunican telepáticamente. A menudo son descritos como mensajeros, guías espirituales o guardianes de la humanidad.

Estos seres aparecen en narrativas de contacto más que de abducción. Hablan de armas nucleares, equilibrio ecológico, evolución del alma. Se parecen más a ángeles que a extraterrestres, y han sido vinculados con ideas new age.

c) Los reptilianos

Seres humanoides con rasgos de reptil: piel escamosa, ojos verticales, comportamiento agresivo o manipulador. Muchos testimonios los vinculan con la élite mundial, el control mental y las conspiraciones globales.

En este arquetipo se funden el miedo ancestral al reptil como símbolo del mal con una visión moderna del poder oculto y predador. En la literatura de la conspiración (David Icke, entre otros), se les atribuye el control de gobiernos, medios y religiones.

Estos tres tipos —grises, nórdicos y reptilianos— conforman una tríada arquetípica que parece reflejar tensiones internas del ser humano: ciencia sin alma, espiritualidad idealizada, y dominación encubierta.

Más allá de su aspecto, el contenido del mensaje alienígena también varía según el contexto cultural. En América Latina y Europa del Sur, los contactos tienden a ser emocionales, místicos, con advertencias apocalípticas. En Estados Unidos, predominan los relatos técnicos, clínicos, con tintes de horror biomédico.

Estas narrativas suelen articularse en torno a una estructura común:

- El sujeto es elegido "por algo"
- Hay una revelación de tipo cósmico o personal
- Se transmite un mensaje: cambio planetario, advertencia ecológica, evolución espiritual
- El contacto puede ser recurrente, incluso transgeneracional
- A veces hay una misión, una promesa, o una amenaza

Algunos casos fronterizos entre abducción y contacto presentan contradicciones internas: el testigo sufre angustia, pero dice haber recibido sabiduría; teme, pero no quiere olvidar. Este ambivalente contacto con lo Otro recuerda experiencias religiosas, visionarias o chamánicas.

"Me dijeron que había una guerra en otra dimensión, y que yo tenía un rol aquí, aunque no lo recordara", relata un joven contactado en Perú.

Estos relatos, aunque subjetivos, revelan estructuras simbólicas profundas: el elegido, la revelación, el juicio, la promesa.

¿Extraterrestres o manifestaciones psíquicas?: el debate sigue abierto

La gran pregunta permanece sin respuesta: ¿Son estos seres reales —biológicos, venidos de otros mundos— o manifestaciones psíquicas de nuestro inconsciente colectivo?

Para algunos investigadores, como Jacques Vallée, los encuentros con entidades no humanas no se ajustan a la lógica espacial (viajes interestelares, tecnología reconocible), sino a un patrón de manifestación adaptativa: los seres aparecen según el contexto histórico, como ángeles, hadas, demonios… y ahora, alienígenas.

"El fenómeno se comporta como un sistema de control simbólico. No busca contacto, sino transformación del observador", escribió Vallée en *Pasaporte a Magonia*.

Otros, como John Mack, plantean una tercera vía: el fenómeno es real, pero no necesariamente físico. Se manifiesta en una zona intermedia entre mente, cuerpo y cosmos, donde lo espiritual y lo material se entrelazan.

Y hay quienes, desde la psicología profunda, ven en los alienígenas figuras arquetípicas que encarnan nuestros temores modernos:

- Los grises: la pérdida de identidad ante la tecnología
- Los nórdicos: la añoranza de una humanidad superior
- Los reptilianos: el miedo a ser manipulados desde el poder

Así, el rostro del otro no solo es una máscara que nos observa: es también un espejo que nos refleja.

La imagen del "extraterrestre" ha dejado de ser un simple visitante de otros mundos. Se ha convertido en un símbolo multifacético de nuestra época, un canal por el cual expresamos esperanzas, terrores y misterios irresueltos. Tal vez, al final, no se trata de buscar al otro allá afuera, sino de entender por qué hemos soñado con él durante siglos.

Capítulo 9: Área 51: la base del misterio moderno

En medio del desierto de Nevada, a unos 135 km al norte de Las Vegas, se encuentra una de las bases militares más célebres y secretas del mundo: Groom Lake, también conocida como Área 51. Oficialmente, durante décadas, el gobierno de Estados Unidos negó su existencia. Solo en 2013, tras una solicitud bajo la Ley de Libertad de Información (FOIA), la CIA reconoció su localización y funciones.

La historia oficial dice que fue creada en los años 50 como una pista de pruebas para el avión espía U-2, en el contexto de la Guerra Fría. Más tarde se utilizaría para el desarrollo del SR-71 Blackbird, el F-117 Nighthawk y otras aeronaves experimentales.

Sin embargo, su nivel extremo de secretismo, el control absoluto de acceso y vigilancia aérea, la ausencia de vuelos comerciales en la zona y la existencia de una zona de seguridad aérea permanente, alimentaron el mito:

¿Qué esconde realmente el Área 51?

Muchos creen que en sus hangares se guardan naves alienígenas recuperadas, cuerpos no humanos y tecnologías avanzadas obtenidas tras accidentes como el de Roswell. La base se ha convertido en símbolo de ocultación, pero también de esperanza de revelación. Es el escenario predilecto de películas, videojuegos y teorías de la conspiración.

"El Área 51 representa el lugar donde termina el conocimiento civil y comienza el secreto militar. Y en ese umbral, todo es posible", escribió el periodista Annie Jacobsen, autora de un libro de investigación sobre la base.

Uno de los grandes mitos en torno al Área 51 es la existencia de programas de tecnología inversa (*reverse engineering*): la supuesta recuperación de naves alienígenas siniestradas y su despiece para replicar sus sistemas.

Según esta teoría, ciertos avances tecnológicos de las últimas décadas —como los materiales compuestos, los microprocesadores, los sistemas de radar de baja firma o incluso la fibra óptica— tendrían su origen en estas investigaciones.

En 1997, el coronel retirado Philip Corso, quien trabajó en el Pentágono, publicó el libro *The Day After Roswell*, donde afirmaba que fue encargado de distribuir tecnología extraterrestre a contratistas militares, bajo la apariencia de descubrimientos convencionales.

"No se trataba de divulgar, sino de diseminar en silencio. Era la forma de preparar a la humanidad para un futuro diferente", escribió Corso.

A pesar de la controversia, Corso mantuvo su testimonio hasta su muerte.

Por su parte, la ciencia oficial niega tal posibilidad. Alegan que la evolución tecnológica sigue un camino lógico y documentado, con patentes y avances graduales. No obstante, lo que no pueden negar es que ciertos programas militares permanecen clasificados durante décadas, y que la existencia de vuelos no identificados en la zona ha sido reconocida por la propia Fuerza Aérea.

En 1989, un hombre cambió para siempre la historia del Área 51. Su nombre: Bob Lazar. En una entrevista con el periodista George Knapp, Lazar afirmó haber trabajado en un área específica llamada S-4, cerca de Groom Lake, donde se le asignó la tarea de ingeniería inversa de naves extraterrestres.

Según Lazar, las naves eran impulsadas por un reactor basado en el Elemento 115, una sustancia exótica que permitía distorsionar el espacio-tiempo. Describió las naves como discos metálicos, con un diseño interno no adaptado al cuerpo humano. Aseguró haber leído documentos clasificados sobre la presencia de extraterrestres denominados "Zeta Reticulianos", y sostuvo que el gobierno tenía conocimiento de estas entidades desde hace décadas.

Su testimonio provocó un terremoto. Muchos lo desestimaron de inmediato. Otros comenzaron a buscar pruebas. Lo cierto es que:

- Su formación académica no pudo ser verificada en MIT ni Caltech (él alega que fue borrada)
- Su historial laboral en Los Álamos fue negado, aunque luego se halló un directorio donde figuraba su nombre
- Su descripción de tecnología ha sido considerada imprecisa científicamente pero coherente como narración técnica

"No estoy aquí para convencer a nadie. Sólo cuento lo que viví. Y fue lo más extraordinario que he visto jamás", declaró Lazar en 2019, en un documental producido por Jeremy Corbell.

A día de hoy, Lazar sigue afirmando su historia. Sus críticos lo tildan de fabulador. Sus defensores, de mártir. Sea como fuere, su relato fue el catalizador definitivo que elevó al Área 51 a mito moderno universal.

El Área 51 no es sólo una base militar. Es un símbolo cultural de la sospecha, un territorio invisible donde lo que no se dice pesa más que lo que se muestra. En su nombre caben todos los secretos: naves imposibles, cuerpos no humanos, ciencia prohibida.

Y en ese silencio oficial, florece el imaginario: porque allí donde el poder calla, el misterio grita.

Capítulo 10: UAPs y FANIs: el Pentágono y la nueva era de los no identificados

Durante décadas, el fenómeno ovni fue tratado por las instituciones oficiales con una mezcla de desdén, ironía y negación. A pesar de los miles de informes registrados por testigos cualificados —entre ellos pilotos, controladores aéreos y personal militar—, el discurso dominante se mantuvo firme en la idea de que todo podía explicarse como ilusiones ópticas, globos meteorológicos o errores de percepción. Esta postura comenzó a cambiar de manera notable a partir de la segunda década del siglo XXI, cuando el Departamento de Defensa de los Estados Unidos y la Oficina del Director de Inteligencia Nacional (ODNI) empezaron a publicar y reconocer la existencia de lo que denominaron UAPs, es decir, Unidentified Aerial Phenomena, traducido al español como FANIs (Fenómenos Aéreos No Identificados).

Este giro discursivo no fue casual ni espontáneo. En junio de 2021, tras años de presión legislativa y mediática, se publicó el informe titulado Preliminary Assessment: Unidentified Aerial Phenomena, resultado de una investigación sobre 144 incidentes registrados entre 2004 y 2021 por personal del ejército estadounidense. De estos casos, 143 no pudieron ser explicados con certeza. El documento afirmaba que "varios informes describen objetos que exhiben características de vuelo avanzadas, incluyendo aceleración extrema, ausencia de medios de propulsión visibles y cambios abruptos de dirección". Añadía además que "estos fenómenos podrían representar un desafío para la seguridad nacional".

Lo más significativo del informe no fue tanto lo que decía, sino lo que admitía: por primera vez, una institución de seguridad reconocía abiertamente que había objetos en el espacio aéreo estadounidense cuyo origen, funcionamiento y comportamiento no podía ser atribuido a ninguna tecnología conocida. El exdirector de inteligencia nacional, John Ratcliffe, declaró que "hay más avistamientos de los que se han hecho públicos" y que "en muchos de ellos se trata de objetos que no son fáciles de explicar ni por sus trayectorias ni por su forma de maniobrar". Esta declaración, emitida por una de las máximas autoridades en inteligencia de los Estados Unidos, evidenciaba un cambio de paradigma: el paso de la negación a la incertidumbre reconocida.

Uno de los pilares que impulsó este cambio fue la publicación de tres vídeos captados por sensores infrarrojos de aviones de combate de la Marina: conocidos como Tic Tac, Gimbal y GoFast. Estas grabaciones, originalmente filtradas y luego confirmadas por el Pentágono, mostraban objetos voladores no identificados que realizaban maniobras imposibles para la física aeronáutica convencional. En el caso Tic Tac, registrado en 2004 por el comandante David Fravor, el objeto descendió desde más de 20.000 metros hasta casi el nivel del mar en segundos, sin emitir señales térmicas ni mostrar propulsión visible. Fravor afirmó posteriormente que "aquello no era de este mundo, y lo digo con la certeza de alguien que ha volado toda su vida". En el vídeo Gimbal, se observa un objeto que gira sobre su eje mientras se desplaza a contraviento, con pilotos exclamando en la grabación: "Hay toda una flota de ellos, están contra el viento, y giran". Finalmente, en el caso GoFast, se documenta un objeto que cruza el campo visual a velocidad supersónica sin romper la barrera del sonido ni dejar rastro térmico, lo que descarta su naturaleza convencional.

La publicación de estos materiales, junto con el reconocimiento oficial, generó una ola de especulación en la prensa y entre investigadores independientes. Algunos lo consideraron un acto inédito de transparencia;

otros, una maniobra de divulgación controlada. El periodista e investigador Richard Dolan sostiene que "el gobierno está liberando información de manera gradual, construyendo una narrativa aceptable para el público y evitando un colapso cognitivo que podría derivarse de una revelación súbita". En esta misma línea, otros analistas, como el físico Eric Davis, quien colaboró con el Programa Avanzado de Identificación de Amenazas Aeroespaciales (AATIP), han afirmado que "hay vehículos recuperados que no fueron fabricados por humanos". Estas afirmaciones, que durante años habrían sido descartadas como conspirativas, hoy se escuchan en boca de figuras con credenciales científicas y acceso a información clasificada.

Sin embargo, el carácter parcial del informe de 2021, así como la escasa información técnica disponible sobre los vídeos liberados, ha suscitado numerosas críticas. La principal objeción es que, si bien se reconoce el fenómeno, no se ofrecen explicaciones convincentes ni se transparenta el conjunto de investigaciones paralelas. El exsenador Harry Reid, impulsor del financiamiento del programa AATIP, insistió en que "lo que se ha revelado es solo la punta del iceberg" y que "existe documentación mucho más detallada que permanece clasificada". A esto se suma el hecho de que el Congreso estadounidense ha solicitado informes anuales sobre UAPs, y la NASA ha anunciado en 2023 el inicio de una investigación independiente para recopilar datos y sistematizar los testimonios.

El uso del término FANI no es meramente técnico. Es una estrategia para despojar al fenómeno de su carga cultural, vinculada durante décadas al folclore ufológico, y presentarlo en términos neutrales y administrativos. De hecho, al reemplazar la noción de "objeto" por la de "fenómeno", se abre la puerta a múltiples hipótesis: desde errores instrumentales hasta efectos atmosféricos no comprendidos, pasando por sistemas de inteligencia artificial o tecnologías avanzadas de potencias extranjeras. Pero también, indirectamente, se deja abierta la posibilidad —jamás afirmada pero tampoco descartada— de un origen no humano. Luis Elizondo, exdirector del AATIP, fue claro en este sentido: "No decimos que sean extraterrestres. Pero tampoco tenemos otra explicación".

Así, nos encontramos en un momento paradójico: el misterio ha sido reconocido por las autoridades, pero su naturaleza permanece oculta o indeterminada. El fenómeno ha sido aceptado, pero no explicado. La ciencia ha sido convocada, pero aún sin datos suficientes para pronunciarse. Estamos ante un fenómeno que desafía las categorías tradicionales de la epistemología: lo no identificado, pero documentado; lo no humano, pero interactuante; lo real, pero indeterminado. En palabras del físico Michio Kaku, "entramos en una nueva fase de la ciencia: una en la que lo inexplicable se convierte en objeto legítimo de estudio".

El fenómeno ovni, ahora FANI, ha dejado de ser un tema marginal. Forma parte del discurso oficial, se estudia en foros de seguridad nacional y ha despertado el interés de organismos científicos. Pero el velo que lo rodea no se ha levantado del todo. Tal vez no se trate ya de negar la existencia del fenómeno, sino de preguntarnos qué se está revelando y qué se está ocultando, y por qué. En este juego de reconocimientos parciales, grabaciones liberadas y archivos clasificados, el misterio persiste. Y con él, la sospecha de que la verdad —sea cual sea— sigue siendo, por ahora, patrimonio exclusivo de unos pocos.

Capítulo 11: Testigos de alto nivel: astronautas, pilotos, científicos

En el estudio del fenómeno ovni —o, en su acepción más reciente, de los FANIs— pocos elementos generan tanta atención como el testimonio de figuras altamente cualificadas: astronautas, pilotos militares y científicos con formación acreditada. Su palabra no solo tiene un peso técnico y profesional, sino también simbólico: representa la ruptura del tabú desde dentro del aparato que históricamente negó el fenómeno. Cuando quien observa lo inexplicable es un piloto de combate, un astronauta entrenado por la NASA o un físico con años de experiencia, el discurso del error, la alucinación o la superstición pierde eficacia.

Uno de los primeros en desafiar abiertamente el silencio institucional fue Edgar Mitchell, el sexto hombre en pisar la Luna durante la misión Apolo 14. Años después de su retiro, Mitchell afirmó con contundencia: "Los ovnis son reales, y nosotros hemos sido visitados. Lo saben los gobiernos desde hace mucho, pero lo han mantenido en secreto". En entrevistas y conferencias, Mitchell insistió en que existían documentos y testimonios clasificados que apuntaban a una presencia no humana observada desde mediados del siglo XX, especialmente a raíz del incidente de Roswell. No hablaba como un aficionado, sino como un ingeniero aeronáutico y doctor en ciencias, formado en la élite científica estadounidense.

Otro testimonio significativo fue el de Gordon Cooper, uno de los primeros astronautas del programa Mercury. En una carta dirigida a las Naciones Unidas en 1978, Cooper afirmaba: "Creo que estos vehículos extraterrestres y sus tripulantes están visitando nuestro planeta desde otros mundos más avanzados tecnológicamente que el nuestro". También relató un incidente ocurrido en una base militar en la década de 1950, donde un objeto metálico aterrizó frente a personal técnico, fue filmado y posteriormente clasificado. Cooper declaró bajo juramento que las imágenes fueron confiscadas por oficiales superiores y nunca fueron divulgadas.

Estos testimonios no son hechos aislados. Según el investigador Leslie Kean, autora del libro *UFOs: Generals, Pilots, and Government Officials Go on the Record*, existe un patrón claro de avistamientos realizados por profesionales del aire y la defensa, tanto en Estados Unidos como en Europa, Sudamérica y Asia.

Kean argumenta que "cuando cientos de pilotos de combate, controladores de tráfico aéreo y astronautas condecorados relatan experiencias similares —a menudo respaldadas por radar—, estamos ante un fenómeno objetivo, no una mera construcción cultural".

Los pilotos comerciales y militares constituyen otra fuente clave. Muchos de ellos han relatado encuentros con objetos que desafiaban la física convencional, realizaban maniobras imposibles o parecían anticiparse a los movimientos de sus aeronaves. El comandante Oscar Santa María Huerta, de la Fuerza Aérea del Perú, declaró ante el Club Nacional de Prensa en Washington que disparó un misil aire-aire contra un objeto volador no identificado durante un vuelo de interceptación en 1980: "No se trataba de un globo, ni de ninguna tecnología terrestre conocida. Era sólido, metálico y evadía el fuego con movimientos imposibles para cualquier avión". En muchos de estos casos, los objetos fueron detectados también por radar, lo que descarta alucinaciones individuales.

Pese a la seriedad de estos informes, el reconocimiento oficial a nivel mundial continúa siendo esquivo. Las razones son múltiples y complejas. Una de ellas es la lógica de seguridad nacional: admitir la existencia de tecnologías superiores o incontroladas supondría una vulnerabilidad estratégica que ningún Estado desea reconocer. Otra es el miedo institucional al descrédito. Como apuntó el exfuncionario del Departamento de Defensa Christopher Mellon, "durante décadas, el fenómeno fue ridiculizado sistemáticamente. Invertir ahora en su estudio requiere desmontar décadas de cinismo burocrático". Mellon fue uno de los impulsores de la reciente apertura de archivos y sostiene que "hay una tensión permanente entre el derecho a saber y el miedo al caos informativo".

La comunidad científica también ha mostrado reticencia, aunque no por falta de interés, sino por la ausencia de datos sistemáticos. El astrofísico Neil deGrasse Tyson lo resumió así: "No digo que los ovnis no existan. Digo que, si los datos fueran tan extraordinarios como se afirma, ya habríamos tenido algo replicable. La ciencia no trabaja con testimonios, sino con evidencia". Esta posición, aunque legítima desde el método empírico, también revela los límites del paradigma actual ante fenómenos que, por su misma naturaleza, escapan a la observación controlada y repetible.

A ello se suma el componente cultural. El fenómeno ovni ha sido durante mucho tiempo monopolizado por la ficción, la pseudociencia y el sensacionalismo. Esto ha generado una suerte de estigmatización automática: hablar del tema, incluso desde una postura seria, implica para muchos un riesgo reputacional. Por eso, como observa el sociólogo Alexander Wendt, "los ovnis no han sido tomados en serio no porque sean absurdos, sino porque su aceptación tendría consecuencias filosóficas y políticas profundas". Wendt y Raymond Duvall lo resumieron en un ensayo académico clave: "Vivimos en un monopolio del antropocentrismo. Reconocer una presencia no humana sería el mayor desafío ontológico para las estructuras de poder actuales".

Así, el testimonio de figuras de alto nivel opera como grieta y como frontera. Por un lado, rompe el silencio, valida el fenómeno y obliga al debate. Por otro, no logra por sí solo modificar el paradigma de negación institucional. La acumulación de relatos no se traduce necesariamente en aceptación científica ni en transparencia gubernamental. Estamos ante un fenómeno que se resiste a ser clausurado: emerge en radares, se repite en las cabinas, aparece en las memorias de astronautas y se oculta, paradójicamente, en plena visibilidad. Como afirmó el periodista George

Knapp: "El fenómeno está ahí. Lo que falta no es la evidencia, sino el valor político y cultural para enfrentar sus implicaciones".

El fenómeno persiste. Y con él, el testimonio. Una y otra vez. Tan alto como la atmósfera y tan profundo como el silencio institucional que lo rodea.

Capítulo 12: Cielo español: expedientes desclasificados del Ejército del Aire

Durante décadas, los fenómenos aéreos no identificados en el espacio aéreo español fueron objeto de observación, análisis y archivo por parte del Ejército del Aire, sin que eso trascendiera al dominio público. Fue solo a partir de la década de 1990 cuando el Estado español comenzó a desclasificar gradualmente una serie de expedientes ovni, en respuesta tanto a la presión social como al contexto de transparencia que comenzaba a imponerse en otras naciones aliadas. La publicación parcial de estos archivos puso en evidencia un hecho hasta entonces negado oficialmente: el fenómeno había sido tomado en serio por las autoridades militares, aunque rara vez se reconociera públicamente.

Los llamados "expedientes ovni del Ejército del Aire" fueron gestionados por el Mando Operativo Aéreo (MOA) y abarcan un amplio periodo, desde 1962 hasta 1995. Estos documentos contienen informes elaborados por testigos cualificados —en su mayoría personal militar, controladores aéreos o pilotos civiles—, acompañados a veces de datos técnicos como registros de radar, transcripciones de comunicaciones o análisis meteorológicos. Los casos más relevantes eran elevados a instancias superiores, y en algunos de ellos se abrían investigaciones formales que incluían entrevistas, análisis de vuelo y cotejo con otras fuentes.

Uno de los episodios paradigmáticos ocurrió el 11 de noviembre de 1979, cuando un avión Supercaravelle de la compañía TAE, que cubría la ruta Salzburgo–Las Palmas, fue desviado a Valencia tras detectar extrañas luces que parecían acompañar al aparato. El comandante Francisco Javier Lerdo de Tejada solicitó aterrizaje de emergencia por precaución, tras múltiples maniobras evasivas. El suceso fue confirmado por el radar del centro de control de Barcelona y dio lugar a uno de los informes más detallados de los archivos españoles. El expediente, hoy público, refleja que "no se halló explicación racional al fenómeno observado", y el caso fue objeto incluso de una interpelación parlamentaria años después.

Otro caso relevante es el sucedido en la base aérea de Torrejón en 1971, cuando varios militares observaron durante varios minutos una luz brillante que descendía verticalmente y se detenía en el aire. En el expediente se recogieron declaraciones como la del sargento de guardia, que afirmaba: "Era como una estrella muy blanca, pero se movía de forma imposible y luego desapareció sin dejar rastro". Este tipo de testimonios, recogidos por la propia jerarquía militar, fueron considerados de interés, aunque no necesariamente concluyentes.

El proceso de desclasificación iniciado en 1992 fue impulsado por el entonces Ministerio de Defensa con el argumento de "favorecer la investigación histórica y el derecho a la información", aunque varios estudiosos —entre ellos el periodista J.J. Benítez y el investigador Vicente-Juan Ballester Olmos— señalaron que muchos de los documentos aparecían con tachaduras, omisiones y, en algunos casos, con apartados enteramente censurados. Según Ballester Olmos, uno de los más rigurosos sistematizadores del fenómeno en España, "la desclasificación fue parcial, y algunos expedientes importantes nunca llegaron a ver la luz pública".

En total, se hicieron públicos más de 80 informes, muchos de ellos con escasa cobertura mediática, pese a tratarse de casos con múltiples testigos y evidencia técnica. El tratamiento de estos informes revela una ambivalencia estructural: por un lado, el fenómeno era registrado, archivado y, a veces, investigado con seriedad; por otro, no se establecía ninguna conclusión clara y, con frecuencia, se cerraban los casos como "no explicables con los datos disponibles". Esta fórmula — reiterada en muchos informes— sugiere una prudente reserva institucional, pero también una negativa implícita a atribuir los fenómenos a tecnología desconocida o inteligencia no humana.

La mayoría de los casos desclasificados no fueron comunicados ni discutidos públicamente por portavoces del Ministerio de Defensa. La actitud del Estado español fue la del silencio administrativo, incluso en momentos en que la prensa exigía respuestas o cuando parlamentarios preguntaban por los procedimientos de vigilancia aérea. Esta postura refleja una continuidad con la doctrina de la OTAN, que durante la Guerra Fría promovió la no divulgación de incidentes aéreos anómalos, especialmente si podían estar vinculados con inteligencia extranjera o provocar alarma pública.

Pese a todo, la existencia de estos documentos refuta la noción —tan repetida en la cultura popular— de que los gobiernos ignoran o desprecian el fenómeno. Por el contrario, en el caso español, se ha demostrado que existe un archivo oficial de hechos inexplicables, cuidadosamente recogidos por organismos estatales. Como ha dicho el investigador Manuel Carballal, "el fenómeno ovni en España fue militarmente real, y eso lo sabemos no por los ufólogos, sino por los propios expedientes del Estado".

Así pues, los expedientes desclasificados del Ejército del Aire constituyen una fuente primaria para el estudio del fenómeno en España. Aunque no ofrecen respuestas definitivas, sí documentan su persistencia, su seriedad y su tratamiento institucional. Y en ese sentido, cumplen una función crucial: legitiman la pregunta, abren la puerta al estudio riguroso y muestran que, al menos en los cielos españoles, el misterio también fue registrado en actas oficiales.

Capítulo 13: Casos emblemáticos en España

E spaña ha sido escenario de algunos de los avistamientos ovni más documentados de Europa, muchos de ellos con participación directa de pilotos, personal militar y controladores aéreos. A lo largo de las décadas de 1970 y 1980, en plena Guerra Fría, varios incidentes en el espacio aéreo español se convirtieron en auténticos enigmas que forzaron incluso la intervención de organismos estatales y la apertura de expedientes oficiales. Entre todos, el Caso Manises de 1979 ocupa un lugar privilegiado por la cantidad de pruebas reunidas y el nivel de riesgo que supuso para la aviación civil.

El 11 de noviembre de 1979, el comandante Francisco Javier Lerdo de Tejada, al mando del vuelo JK-297 de la compañía TAE, se vio obligado a realizar un aterrizaje de emergencia en el aeropuerto de Valencia tras detectar la presencia de luces anómalas que parecían seguir al avión durante el trayecto entre Palma de Mallorca y Tenerife. Las luces se aproximaban a menos de un kilómetro, con movimientos y aceleraciones imposibles de atribuir a aeronaves convencionales. El centro de control aéreo de Barcelona confirmó la detección en radar, mientras la tripulación intentaba maniobrar para evitar un posible choque. "Esas luces nos siguen, cambian de posición en ángulos rectos y no responden a ninguna señal", declaró Lerdo de Tejada en el informe posterior. El suceso fue tan grave que, días después, un caza Mirage F-1 del Ejército del Aire despegó para interceptar las luces sin lograr identificar nada. El expediente del caso, hoy desclasificado, concluye con una nota lacónica: "El fenómeno observado no ha podido ser identificado con los datos disponibles".

Tres años antes, el Caso de Talavera la Real había estremecido a la opinión pública. En la madrugada del 12 de noviembre de 1976, varios soldados que vigilaban el polvorín de la base aérea extremeña detectaron una serie de luces rojizas que descendían en silencio sobre el perímetro. Los testigos describieron una figura "humanoide" envuelta en un halo de luz. Ante la alarma, uno de los soldados disparó ráfagas con su fusil CETME. El expediente militar señala que, tras el tiroteo, el fenómeno desapareció sin dejar rastro, aunque varios soldados quedaron en estado de shock. Uno de ellos declaró: "Nunca había sentido algo así. Era como si nos mirara sin moverse". Este caso es considerado por el investigador Vicente-Juan Ballester Olmos como uno de los más desconcertantes por la reacción armada de personal entrenado y por las secuelas psicológicas de los testigos.

El incidente del avión TAE Zorita, ocurrido el 23 de febrero de 1978, es otro de los casos con mayor número de evidencias técnicas. Durante un vuelo entre Mallorca y Tenerife, la tripulación del avión —también de la compañía TAE— detectó un objeto brillante en el horizonte que aparecía simultáneamente en los radares de control aéreo. El comandante informó que el objeto realizó maniobras rápidas de acercamiento y alejamiento, sin seguir ninguna ruta de vuelo conocida. Los informes del radar de Valencia y las transcripciones de la torre de control corroboran el avistamiento, aunque el expediente oficial, nuevamente, se cierra sin una conclusión clara.

En Cataluña, el fenómeno Montserrat se convirtió, entre los años 80 y 90, en un caso único por su carácter colectivo. Numerosos avistamientos de luces extrañas sobre la montaña fueron reportados por testigos civiles y grupos de investigadores que acudían a la zona en busca de evidencias. Testigos como Luis José Grifol realizaron vigilias periódicas y documentaron movimientos de luces que parecían responder a señales luminosas desde tierra. Aunque no se abrió ningún expediente militar oficial sobre Montserrat, el fenómeno adquirió notoriedad mediática y fue objeto de reportajes en televisión, convirtiéndose en un epicentro de la ufología popular en España.

El caso de la Base de Morón, en Sevilla, en 1980, es otro ejemplo significativo. Personal militar y radaristas registraron varias incursiones en el espacio aéreo, con luces que penetraron la zona de seguridad de la base aérea sin que ningún avión pudiera interceptarlas. Los objetos mostraban movimientos erráticos, velocidad variable y, en algunos momentos, una capacidad de desaparecer súbitamente del radar. El informe posterior recogió la preocupación del mando militar, aunque la investigación no logró identificar los objetos ni su origen.

Más allá de estos casos emblemáticos, España cuenta con una larga lista de avistamientos en diversas regiones. En Cádiz, por ejemplo, se registraron en los años setenta numerosos incidentes sobre la bahía de Algeciras, algunos de ellos en plena actividad naval. En Canarias, la oleada de 1976 incluyó testigos civiles, militares y marinos mercantes, con fenómenos de luces esféricas y objetos cilíndricos avistados durante varios minutos. En Galicia, pescadores y vecinos de la costa reportaron objetos luminosos entrando y saliendo del mar, lo que dio origen a la hipótesis de "bases submarinas" de origen desconocido. Incluso en Madrid, durante los años ochenta, se recibieron informes de pilotos comerciales que observaron luces estáticas en el corredor aéreo de Barajas, más tarde registradas en informes del Ministerio de Defensa.

Estos incidentes, en su conjunto, muestran que el fenómeno en España ha sido persistente, variado y, en muchas ocasiones, observado por testigos cualificados con el respaldo de pruebas objetivas como el radar. Sin embargo, como en otros países, la reacción oficial ha sido prudente, limitada a la recopilación de datos y sin aventurar hipótesis concluyentes. Como señaló el investigador Manuel Carballal, "España es un laboratorio privilegiado del fenómeno ovni en Europa: aquí se combinan testimonios militares, documentación desclasificada y casos con múltiples testigos que siguen desafiando cualquier explicación racional".

Los expedientes y testimonios que se conservan permiten afirmar que el fenómeno, al menos en lo que respecta a su manifestación, es real y consistente. Lo que sigue siendo un misterio es su origen, su naturaleza y su propósito. En este sentido, España se inscribe en la misma dinámica que otros países: una observación meticulosa, un registro oficial y un silencio prudente que, lejos de diluir el misterio, lo hace más denso y persistente.

Capítulo 14: Abducciones en territorio español

F rente al fenómeno ovni, los casos de abducción representan una de las expresiones más inquietantes, por su dimensión íntima, psicológica y, a menudo, traumática. En España, si bien no han alcanzado la repercusión mediática de los casos estadounidenses como los de Travis Walton o Betty y Barney Hill, se han registrado numerosos testimonios que describen episodios de secuestro, manipulación física y contacto con entidades no humanas. Estos relatos, recogidos a menudo en el ámbito de la investigación ufológica independiente, constituyen una parte oscura, fragmentaria y profundamente humana del fenómeno.

Uno de los casos más antiguos y conocidos es el de Próspera Muñoz, considerada la primera persona en España que relató públicamente una experiencia de abducción. Nacida en 1935, Próspera vivió en Jumilla (Murcia) un episodio insólito cuando tenía apenas siete años. No fue hasta finales de los años setenta, ya en la adultez, cuando los recuerdos comenzaron a emerger bajo hipnosis regresiva. Según relató, en algún momento del verano de 1946, mientras jugaba en el campo con su hermana, fue abordada por dos seres "de gran cabeza, ojos almendrados y sin boca visible", que la condujeron a lo que describió como una especie de cápsula. "No sentí miedo, pero sí una extraña parálisis. Había una luz blanca muy intensa y luego todo se volvió borroso", declaró en varias entrevistas posteriores. Aunque sus recuerdos eran fragmentarios, el relato fue tomado en serio por investigadores como Antonio Ribera y J.J. Benítez, quienes vieron en él una pieza clave para entender la dimensión temporal del fenómeno en España, pues se sitúa años antes del caso Arnold y del auge internacional de los "platillos volantes".

Durante las décadas de 1970 y 1980, coincidiendo con la llamada "oleada ovni" en la península, se multiplicaron los relatos de avistamientos y contactos del tercer y cuarto tipo. En muchos de estos casos, los testigos no buscaron la publicidad ni el reconocimiento, sino que recurrieron a investigadores independientes movidos por la necesidad de comprender lo vivido. En Galicia, Castilla-La Mancha, Cataluña y Andalucía se documentaron varios testimonios que incluían episodios de pérdida temporal (*missing time*), sensaciones de parálisis, marcas inexplicables en el cuerpo y la visión de figuras humanoides en habitaciones cerradas o durante trayectos nocturnos. En la mayoría de los casos, no hubo una denuncia formal ni una investigación policial; el miedo al ridículo, la falta de apoyo institucional y el contexto cultural contribuyeron a mantener estas experiencias en la penumbra.

Una constante en los relatos españoles de abducción es la presencia de elementos simbólicos compartidos, como la sensación de extracción física del entorno, exámenes médicos de carácter invasivo, comunicación telepática con los supuestos seres y una posterior amnesia parcial. Según el investigador Miguel Pedrero, "aunque los escenarios cambian y los rostros varían, hay una estructura narrativa común que se repite en decenas de casos sin conexión aparente entre los testigos". Esta estructura, añade, "puede sugerir tanto una experiencia real de origen desconocido como un fenómeno psicosocial profundamente enraizado en el inconsciente colectivo".

El acceso a los testimonios de abducción en España ha sido tradicionalmente difícil. A diferencia de otros países donde existen organizaciones de recogida y clasificación sistemática de casos, en España el estudio de las abducciones ha dependido casi exclusivamente de iniciativas privadas y del trabajo persistente de un puñado de ufólogos. Las universidades y centros de investigación oficiales no han mostrado interés en el fenómeno, y la prensa, cuando ha abordado estos temas, lo ha hecho generalmente desde el sensacionalismo. Esto ha contribuido a que muchos testigos se mantengan en el anonimato, temerosos del estigma social y del descrédito.

Sin embargo, algunos investigadores han recogido material valioso. El propio Salvador Freixedo, exjesuita y uno de los pensadores más atrevidos en el campo del misterio, afirmó en su libro *La amenaza extraterrestre* que "los casos de abducción en España son tantos como en cualquier otro país, pero aquí se ocultan más por vergüenza, miedo o incredulidad". Freixedo consideraba que muchas de estas experiencias no podían explicarse simplemente como delirios ni como construcciones psicológicas, y que apuntaban a una inteligencia exterior que interactuaba con los humanos de forma clandestina y perturbadora.

Pese a la fragmentación del registro, existe ya una constelación reconocible de testimonios en la geografía española. Desde la mujer de Vinaroz que en 1976 describió haber sido llevada a una "nave redonda con luces azules", hasta el joven de Cuenca que en 1984 fue hallado en estado de shock tras haber desaparecido durante varias horas mientras circulaba en moto. Estos relatos no suelen encontrar cabida en los informes militares, pero siguen vivos en la memoria oral y en los archivos de los investigadores.

Más que respuestas, el fenómeno de las abducciones en España deja una huella de preguntas difíciles de formular en términos científicos. ¿Qué realidad subyace a estas experiencias compartidas? ¿Son visitaciones de otro mundo, alucinaciones culturales o eventos interdimensionales que escapan a nuestras categorías? Como escribió el psiquiatra John E. Mack, premio Pulitzer y estudioso del fenómeno: "Lo que me interesa no es tanto si los extraterrestres existen, sino cómo la experiencia transforma la vida del testigo".

Tal vez en ese cambio —en la grieta que se abre en la conciencia del abducido— se halle la clave del enigma. No en la nave ni en el ser que la habita, sino en el efecto profundo que deja su recuerdo: una marca invisible que, una vez narrada, ya no se puede olvidar.

Capítulo 15: Investigadores del misterio en España: entre el periodismo y la frontera

El estudio del fenómeno ovni en España ha estado históricamente ligado a figuras individuales más que a instituciones. Desde los años sesenta, investigadores, periodistas y divulgadores han asumido la labor de documentar, analizar y dar voz a testigos que, de otro modo, hubieran quedado sepultados por el silencio o el descrédito. Esta tarea ha oscilado entre el rigor documental y el relato mitológico, entre la recopilación de datos y la interpretación casi literaria. España ha contado, en este sentido, con una generación de figuras pioneras que, desde diferentes ópticas, construyeron lo que podríamos llamar una "ufología nacional".

Uno de los nombres clave es el de Antonio Ribera (1920–2001), considerado el padre de la ufología moderna en España. Su obra *El gran enigma de los platillos volantes*, publicada en 1966, marcó un antes y un después en la manera de abordar el fenómeno. Ribera, lingüista de formación y viajero incansable, abordó los ovnis con una mezcla de curiosidad científica y apertura a lo trascendente. Estudió los primeros casos españoles, como el de San José de Valderas o el de Jumilla, y mantuvo contacto con investigadores internacionales como Jacques Vallée y Aimé Michel. Ribera fue también el introductor en España del caso Betty y Barney Hill, y participó en la primera gran oleada de interés público sobre abducciones. Para él, el fenómeno tenía un componente físico, pero también simbólico. "Es posible que estemos ante un sistema de comunicación que opera en varios niveles de la realidad", escribió, anticipándose a teorías posteriores que vinculan la consciencia humana con dimensiones aún inexploradas.

A finales de los años setenta, una nueva figura irrumpió con fuerza: Juan José Benítez, más conocido como *J. J. Benítez*. Su carrera comenzó como periodista de investigación y pronto se volcó en el fenómeno ovni con un estilo narrativo, directo y provocador. Su libro *Ovni: S.O.S. a la humanidad* (1975) fue un éxito de ventas y le permitió acceder a fuentes militares, testigos y expedientes inéditos. Benítez supo combinar el trabajo de campo con una escritura que apelaba a la emoción, lo que le valió tanto seguidores como detractores. La serie *Caballo de Troya*, iniciada en 1984, llevó su visión del misterio más allá de los ovnis y hacia una interpretación alternativa de la figura de Jesucristo. Aunque muchos lo critican por difuminar la frontera entre ficción y realidad, lo cierto es que su impacto en la cultura popular ha sido inmenso. "Yo no pido que me crean; solo cuento lo que vi y lo que me contaron", ha dicho en numerosas entrevistas. Para Benítez, el fenómeno es real, pero inabarcable, y su tratamiento no puede limitarse a los métodos académicos tradicionales.

Con la llegada del siglo XXI, el interés por lo inexplicado encontró en los medios de comunicación un nuevo aliado. La figura más visible en esta nueva etapa es Iker Jiménez, periodista y presentador del programa *Cuarto Milenio*, emitido desde 2005. Jiménez ha sido capaz de llevar el misterio a un formato televisivo con gran impacto, fusionando el relato documental con una cuidada producción estética. Su enfoque, más ecléctico, abarca desde ovnis hasta crímenes sin resolver, arqueología prohibida o enigmas científicos. Aunque ha sido criticado por algunos sectores por su estilo sensacionalista, también ha logrado revalorizar el interés por lo desconocido en una audiencia masiva. "Mi deber es abrir puertas, no cerrarlas", ha declarado en más de una ocasión. Jiménez ha entrevistado a pilotos, militares, científicos y testigos que, de otro modo, no habrían tenido espacio en los medios generalistas. Gracias a él, casos como el de Manises o Talavera la Real volvieron a tener visibilidad y debate público.

Sin embargo, cabe preguntarse si existe en España una ufología verdaderamente científica. Aunque ha habido intentos de institucionalizar el estudio del fenómeno —como el proyecto FOTOCAT liderado por Vicente-Juan Ballester Olmos, que compila y analiza fotográficamente casos ovni—, la falta de apoyo académico y el desprestigio asociado al tema han hecho que la mayor parte de la investigación recaiga en aficionados muy preparados, pero sin reconocimiento institucional. Existen excepciones valiosas: científicos como el físico Eduardo Buelta han defendido la necesidad de aplicar el método científico al estudio de los fenómenos anómalos. "No se trata de creer o no creer, sino de registrar, contrastar y analizar los datos", escribió en un ensayo publicado en 2014. Pero su voz, como la de otros investigadores serios, ha sido poco escuchada en un país donde lo inexplicado se asocia más al entretenimiento que a la indagación epistemológica.

La situación actual es ambigua. Por un lado, el fenómeno ha ganado visibilidad, gracias a la desclasificación de documentos, la cobertura mediática y el testimonio de voces cualificadas. Por otro, la línea entre información, especulación y espectáculo es cada vez más difusa. El desafío que enfrenta la ufología española —como la internacional— es superar el binomio entre negacionismo escéptico y fe ciega, y construir un espacio de análisis que combine el rigor con la apertura mental.

En palabras del investigador catalán Manuel Carballal, uno de los más activos del panorama contemporáneo, "el fenómeno ovni ha sido víctima de sus propios defensores y verdugos. Pero sigue ahí, insobornable, esperando que alguien lo mire con ojos nuevos y sin prejuicios". Tal vez esa sea la verdadera frontera: la del pensamiento crítico, capaz de aceptar que no lo sabemos todo… y que no saber también es parte del misterio.

EPÍLOGO: LA FRONTERA DEL ASOMBRO: CREER, DUDAR, INVESTIGAR

El fenómeno ovni —o FANI, o UAP, según la sigla que adopte el signo de nuestro tiempo— no se deja atrapar fácilmente. No cabe en las cajas cerradas del dogma ni en las vitrinas asépticas de la ciencia institucionalizada. Persiste, se transforma, y sobre todo interroga. No solo lo que vemos en el cielo, sino cómo miramos, qué esperamos ver y qué estamos dispuestos a aceptar como real.

La historia de la humanidad está plagada de encuentros con lo inexplicable. Desde los carros de fuego en los textos bíblicos hasta las luces zigzagueantes del caso Manises, desde las figuras en los grabados medievales hasta los objetos detectados por cazas militares en pleno siglo XXI, la constante ha sido una: el asombro. Y, junto con él, una tensión persistente entre la necesidad de creer y la exigencia de dudar.

"En toda época ha habido cosas que la ciencia no podía explicar", recordaba Carl Sagan, uno de los escépticos más lúcidos, "pero la ausencia de evidencia no es evidencia de ausencia". Sagan, que alertaba con razón sobre la credulidad sin fundamento, también reconocía que negar sin investigar es tan anti-científico como creer sin pruebas.

El fenómeno ovni ha sido muchas cosas: misterio técnico, símbolo psicológico, chivo expiatorio político, mito moderno, excusa de encubrimiento, alimento de espiritualidad, incluso entretenimiento global. Pero sobre todo, ha sido un espejo. En él se reflejan nuestros temores —a la invasión, al control, a lo desconocido—, pero también nuestras esperanzas: que haya algo más allá del absurdo, una confirmación externa de que no estamos solos en el universo, ni siquiera en nosotros mismos.

"Cuando el misterio es demasiado impresionante, no se puede desobedecer", escribió Antoine de Saint-Exupéry. Tal vez por eso seguimos mirando al cielo, escaneando las ondas de radio, grabando con móviles temblorosos, buscando sentido en testimonios de personas comunes que vivieron lo imposible. Y tal vez por eso también tantos gobiernos, durante décadas, han optado por el silencio institucional o por la ambigua desclasificación a medias. "La verdad no es solo cuestión de hechos, sino también de poder", advirtió el sociólogo Jacques Ellul.

¿Estamos preparados para aceptar que no sabemos? Esa puede ser la pregunta más inquietante de todas. El fenómeno ovni —real o ilusorio, físico o simbólico— no es solo un tema para la ciencia o la especulación: es un límite epistemológico. Una frontera. Y como toda frontera, no solo delimita lo conocido, sino que define también lo que aún puede ser conocido.

Este libro no pretende convencer de la existencia o inexistencia de visitantes interestelares, naves secretas o inteligencias no humanas. Pretende, en cambio, dar cuenta de un fenómeno persistente que, durante más de setenta años, ha desafiado nuestra comprensión y ha generado un archivo abrumador de relatos, documentos, imágenes, recuerdos, creencias y silencios.

Creer, dudar, investigar: ese es el ciclo del pensamiento libre. Mientras tanto, allá afuera, algo sigue apareciendo, deslizándose entre las nubes, zumbando sobre campos vacíos o acompañando aviones en rutas comerciales. Tal vez no sepamos qué es. Pero sí sabemos esto: no mirar sería renunciar a lo más humano que tenemos, que es el asombro. Escribió Arthur C. Clarke, con la lucidez de los visionarios: "Existen dos posibilidades: o estamos solos en el universo, o no lo estamos. Ambas son igualmente aterradoras".

APÉNDICES

A – Glosario de términos

Abducción:

Término que designa el supuesto secuestro o traslado de una persona por parte de entidades no humanas, generalmente de origen extraterrestre. Las abducciones suelen relatar experiencias traumáticas o confusas, con episodios de pérdida de tiempo, parálisis, manipulación física y comunicación telepática. El caso de Betty y Barney Hill (1961) es considerado el primer relato moderno ampliamente difundido. Existen debates sobre la naturaleza real o psicológica del fenómeno.

Área 51:

Instalación militar estadounidense ubicada en Nevada, cuyo nombre oficial es Groom Lake. Desde los años cincuenta ha sido vinculada con el desarrollo de tecnología aeronáutica experimental. Su hermetismo ha alimentado numerosas teorías sobre el ocultamiento de naves y cuerpos extraterrestres, especialmente tras el caso Roswell. La existencia oficial del lugar fue reconocida por el gobierno de EE. UU. recién en 2013.

BLUE BOOK (PROYECTO):

Programa oficial de investigación de fenómenos aéreos no identificados llevado a cabo por la Fuerza Aérea de los Estados Unidos entre 1952 y 1969. Su objetivo declarado era evaluar si los ovnis representaban una amenaza para la seguridad nacional. De los más de 12.000 casos registrados, el 6 % quedó sin explicación. Muchos investigadores han cuestionado su transparencia y lo consideran parte de una política de encubrimiento.

FANI (FENÓMENO AÉREO NO IDENTIFICADO):

Nueva denominación utilizada especialmente en entornos militares y científicos para referirse a manifestaciones aéreas que no pueden ser explicadas por causas naturales o tecnológicas conocidas. A diferencia del término OVNI, FANI enfatiza el carácter de *fenómeno* más que de *objeto*, abriendo la posibilidad de que lo observado no tenga consistencia física tradicional. Ha sido adoptado por organismos como el Ministerio de Defensa de Francia y, más recientemente, por el Ejército del Aire español.

HIPNOSIS REGRESIVA:

Técnica utilizada para recuperar recuerdos, especialmente en contextos de supuesta abducción. Se basa en inducir un estado de conciencia alterada donde el sujeto puede rememorar experiencias olvidadas o reprimidas. Su uso es altamente polémico: algunos terapeutas la consideran útil, mientras que muchos científicos la critican por su susceptibilidad a la sugestión y la creación de recuerdos falsos.

OVNI (OBJETO VOLADOR NO IDENTIFICADO):

Sigla clásica que designa cualquier objeto o luz avistado en el cielo que no pueda ser identificado por el observador ni por las autoridades competentes en ese momento. No implica necesariamente origen extraterrestre. El término fue acuñado oficialmente por la Fuerza Aérea de EE. UU. en los años 50 y ha sido adoptado mundialmente tanto en contextos científicos como populares.

ROSWELL (INCIDENTE DE):

Supuesto accidente de una nave no humana ocurrido en julio de 1947 cerca de Roswell, Nuevo México. Inicialmente reportado como "el hallazgo de un platillo volante" por la base militar local, la versión oficial cambió rápidamente a la caída de un globo meteorológico. Décadas después, el caso fue relanzado con testimonios sobre materiales inusuales, cuerpos recuperados y encubrimiento gubernamental, convirtiéndose en mito fundacional de la ufología moderna.

TECNOLOGÍA INVERSA (REVERSE ENGINEERING):

Hipótesis que sostiene que gobiernos u organismos secretos han recuperado tecnología no humana (naves, artefactos, materiales) y la han utilizado como base para desarrollos militares o científicos avanzados. Bob Lazar popularizó esta teoría al afirmar que había trabajado en la ingeniería inversa de una nave extraterrestre en el Área 51. No existen pruebas concluyentes, pero el concepto es ampliamente discutido tanto en el ámbito conspirativo como en la ciencia ficción.

UAP (Unidentified Aerial Phenomenon / Fenómeno Aéreo No Identificado):

Término oficial adoptado por el Departamento de Defensa de EE. UU. y otras agencias internacionales desde finales de la década de 2010, con el objetivo de sustituir a "OVNI" y evitar su carga cultural y mediática. Abarca no solo objetos físicos sino también anomalías visuales, térmicas o radar detectadas por sensores y personal militar. Su uso ha sido clave en la reapertura institucional del debate sobre fenómenos no explicados.

Visión nocturna / FLIR / IR:

Tecnologías de detección utilizadas por pilotos militares, especialmente en los vídeos desclasificados por el Pentágono (Tic Tac, Gimbal, GoFast). El sistema FLIR (Forward Looking Infrared) capta emisiones térmicas y permite registrar fenómenos invisibles a simple vista. Muchos avistamientos modernos provienen de este tipo de sistemas, lo que ha fortalecido el interés oficial en su análisis.

B – Cronología internacional y española del fenómeno

I. Cronología internacional

- **1561 – Núremberg (Alemania)**

  Crónica ilustrada en un panfleto alemán describe una "batalla aérea" sobre la ciudad, con formas cilíndricas y esféricas. Considerado un proto-relato ovni, ha sido interpretado por algunos como fenómeno atmosférico extremo, por otros como una manifestación inexplicable.

- **1896–1897 – Oleada de dirigibles misteriosos (EE. UU.)**

  Avistamientos en múltiples estados del medio oeste y California. Testigos describen objetos voladores con luces y figuras humanoides. Algunas cartas de la época mencionan contactos.

- **1933 – Caso Mussolini (Italia)**

  Supuesto accidente de un ovni en Lombardía. Según documentos filtrados en 2021 por el historiador Roberto Pinotti, el régimen fascista habría creado una comisión secreta para estudiarlo. Aún no verificado, pero citado por exfuncionarios estadounidenses en audiencias recientes.

- **1942 – Batalla de Los Ángeles (EE. UU.)**

  Sistemas antiaéreos disparan contra un objeto no identificado sobre la ciudad en plena Segunda Guerra Mundial. Fotografías y registros oficiales muestran una respuesta militar sin hallazgos posteriores. El ejército lo atribuyó a una falsa alarma, pero aún se debate.

- **1965 – Kecksburg (EE. UU.)**

  Objeto metálico en forma de campana cae en un bosque de Pensilvania. El ejército acordona la zona. Nunca se explicó de forma concluyente. Se ha comparado con el caso Roswell.

- **1989 – Vorónezh (URSS)**

  Medios soviéticos y la agencia TASS reportan avistamiento de una nave y entidades humanoides en un parque infantil. Aunque algunos lo calificaron de invención, otros sostienen que la información fue recogida por fuentes oficiales de la KGB.

- **1990 – Petit-Rechain (Bélgica)**

  Fotografía icónica de un ovni triangular tomada durante la llamada "oleada belga" (1989–1991), con múltiples testimonios civiles y militares. Radar y pilotos de la Fuerza Aérea Belga confirmaron avistamientos. En 2011, el autor confesó que la foto era un fraude, pero los informes militares permanecen sin explicación.

- **1994 – RUWA (ZIMBABUE)**

  Más de 60 niños afirman haber visto un objeto y seres extraños cerca de su escuela. El psicólogo de Harvard John Mack investigó el caso y concluyó que los testigos creían firmemente en lo que relataron. Uno de los casos mejor documentados de contacto infantil.

- **2006 – AEROPUERTO O'HARE (CHICAGO, EE. UU.)**

  Pilotos y empleados de United Airlines informan de un objeto suspendido sobre una terminal. Despegó verticalmente a gran velocidad. La FAA no ofreció explicación. El Chicago Tribune cubrió el caso ampliamente.

- **2014–2015 – COSTA ESTE DE EE. UU.**

  Pilotos de cazas F/A-18 informan encuentros recurrentes con objetos que maniobran sin medios visibles de propulsión. Grabaciones fueron analizadas por el Pentágono.

- **2019 – NAVES ESFÉRICAS SOBRE BUQUES DE GUERRA (EE. UU.)**

  La Marina de EE. UU. registra objetos volando en formación cerca de destructores frente a la costa de California. El Pentágono confirma los vídeos como auténticos. Los fenómenos siguen sin explicación oficial.

- 2023 – AUDIENCIAS PÚBLICAS EN EL CONGRESO DE EE. UU.

  El exoficial David Grusch declara bajo juramento que existen programas secretos de recuperación de tecnología no humana y que se han encontrado "restos biológicos no humanos". Testimonio histórico sin precedentes.

II. Cronología española

- 1962–1995 – EXPEDIENTES OVNI DEL EJÉRCITO DEL AIRE

  84 informes clasificados por el Mando Operativo Aéreo (MOA), desclasificados entre 1992 y 1996. Incluyen avistamientos por pilotos, detecciones radar y observaciones múltiples. La mayoría están parcialmente censurados.

- 1968 – CASO DE GRAN CANARIA (ISLAS CANARIAS)

  Numerosos testigos ven un objeto emitiendo luz intensa. El fenómeno dura más de 20 minutos. Aviadores y pescadores dan testimonios coincidentes. Aparece en los expedientes desclasificados.

• 1974 – A Coruña, Base Aérea de El Ferral (León)

El piloto del Ejército del Aire Antonio Munaiz detecta un objeto que no responde a señales. Se reporta oficialmente, pero nunca se explicó el incidente. Citado en congresos de ufología.

• 1976 – Caso de Galdar (Canarias)

Numerosos pescadores describen cómo un objeto marino-espacial emerge del océano y se eleva al cielo. Hay reportes periodísticos de la época y se conserva documentación escrita.

• 1977 – Caso de Tudela (Navarra)

Avistamiento por agentes de la Guardia Civil y numerosos vecinos. Se observan maniobras imposibles. Informe enviado al Ejército, sin respuesta oficial posterior.

• 1980 – Caso de L'Escala (Girona)

Objeto cilíndrico observado por un controlador aéreo civil y por pescadores. Figura en archivos de prensa y en recopilaciones de la Fundación Anomalía.

• 1985 – Caso del Puerto de Cádiz

Piloto comercial reporta objeto que se cruza en su trayectoria durante aproximación. Radar militar detecta anomalías. Caso archivado sin explicación.

- **1987 – OLEADA EN GALICIA**

  Múltiples observaciones de luces y objetos sobre la costa lucense. Se publican testimonios en prensa local y se vincula con maniobras navales internacionales. Algunos investigadores plantean hipótesis de tapadera militar.

- **2004 – MONTSERRAT (BARCELONA)**

  Decenas de personas se congregan en la montaña cada 11 de cada mes por los "avistamientos regulares" desde los años 80. Grabaciones amateur y cobertura de medios nacionales. No se ha ofrecido explicación.

- **2015 – CASO DE BARAJAS (MADRID)**

  Un avión que debía despegar se detiene por presencia de objeto no identificado cerca del aeropuerto. El tráfico aéreo se ve momentáneamente afectado. Se ofrece como explicación un dron, pero sin evidencia firme.

- **2021 – EJÉRCITO DEL AIRE ADOPTA SIGLAS FANIS**

  En línea con las nuevas doctrinas de la OTAN y del Pentágono, el Ministerio de Defensa comienza a usar el término "FANI" (Fenómeno Aéreo No Identificado) en circulares internas y comunicaciones clasificadas.

C – Declaraciones oficiales desclasificadas en EE. UU., España y Reino Unido

I. Estados Unidos: del secretismo al reconocimiento parcial

1. Proyecto Blue Book (1952–1969)

Dirigido por la Fuerza Aérea, recopiló más de 12.000 casos ovni. El informe final concluyó que la mayoría eran fenómenos naturales o artefactos humanos, aunque 701 casos quedaron "sin explicación". El "Informe Condon" de 1969 justificó el cierre del programa. "Nada ha venido a nuestro conocimiento que pueda representar una amenaza directa a la seguridad nacional" (Conclusiones del Informe Condon, Universidad de Colorado, 1969).

2. Documentos de la NSA y la CIA (desclasificación parcial, 1978–2011)

Miles de páginas sobre avistamientos, seguimientos y análisis de fenómenos aéreos no identificados. Se incluye la vigilancia de objetos anómalos en zonas sensibles durante la Guerra Fría. Algunos documentos mencionan la "posible recuperación de tecnología no terrestre", sin mayor detalle.

3. Vídeos del Pentágono (2017–2020)

Se publicaron tres vídeos: *FLIR1 (Tic Tac)*, *Gimbal* y *GoFast*, capturados por aviones de combate F/A-18 Super Hornet. En abril de 2020, el Departamento de Defensa reconoció su autenticidad:

"Después de una revisión exhaustiva, el departamento ha determinado que los vídeos no revelan capacidades sensibles ni sistemas clasificados, y por ello los desclasifica" (Comunicado oficial del Pentágono, 27 de abril de 2020).

4. Informe del ODNI (Oficina del Director de Inteligencia Nacional, 2021)

En respuesta a la Ley de Autorización de Inteligencia de EE. UU., el informe admitió 143 de 144 casos de UAP sin explicación concluyente. Se abrió la puerta al reconocimiento de tecnologías no identificadas.

"En algunos casos, los UAP demostraron características de vuelo inusuales, como mantenerse estáticos en vientos fuertes, moverse contra el viento, maniobrar bruscamente o desplazarse a gran velocidad, sin medios de propulsión visibles" (ODNI, Preliminary Assessment: Unidentified Aerial Phenomena, junio de 2021).

5. Audiencias del Congreso (julio 2023)

El exoficial David Grusch declaró bajo juramento que existen programas secretos de recuperación de tecnología y restos biológicos no humanos.

"Bajo testimonios jurados de múltiples colegas con acceso directo a programas, puedo afirmar que hemos recuperado restos de naves de origen no humano, así como restos biológicos" (David Grusch, testimonio ante el Congreso de EE. UU., 26 de julio de 2023).

II. España: desclasificación parcial y opacidad institucional

1. Expedientes del Ejército del Aire (1992–1996)

El Ministerio de Defensa, a través del Mando Operativo Aéreo (MOA), desclasificó 84 informes sobre fenómenos aéreos recogidos entre 1962 y 1995. El acceso fue progresivo, con archivos depositados en la Biblioteca del Ejército del Aire.

"No se ha podido establecer el origen ni naturaleza del fenómeno observado. Se descarta, en principio, el carácter convencional del objeto" (Informe nº 800513, avistamiento en Madrid, 13 de mayo de 1980).

2. Caso Manises (1979)

El informe oficial, incluido en los expedientes desclasificados, reconoce la existencia de una "interferencia aérea no identificada" que motivó el aterrizaje forzoso de un vuelo comercial. El piloto y los controladores emitieron declaraciones recogidas por Defensa.

3. Correspondencia interna de Defensa (años 80–90)

Algunos documentos revelan cómo el Estado Mayor recomendó minimizar el impacto mediático de ciertos avistamientos. Se usaron términos como "fenómeno no convencional" o "manifestación luminosa de origen desconocido".

4. Terminología reciente (desde 2021)

El Ejército del Aire ha comenzado a adoptar el término "FANI" (Fenómeno Aéreo No Identificado) en sus referencias internas, según fuentes periodísticas y respuestas del Ministerio en sede parlamentaria.

III. Reino Unido: informes exhaustivos y final abierto

1. ARCHIVOS DEL MINISTERIO DE DEFENSA (MOD, 2008–2013)

Más de 200 documentos fueron liberados por el *National Archives*, tras presión pública. Incluyen informes sobre avistamientos, cartas al Parlamento, y análisis de posibles amenazas aéreas no identificadas.

"Ninguno de los informes analizados representa una amenaza creíble a la defensa del Reino Unido, pero algunos casos son inexplicables" (Informe del MOD, "UFO Files – DEFE 24/2039/1").

2. INCIDENTE DE RENDLESHAM FOREST (1980)

Caso reconocido en varios documentos oficiales. Personal militar de bases estadounidenses en suelo británico reportó luces y objetos metálicos. El testimonio del sargento Jim Penniston, recogido por la RAF, describe un "objeto triangular con inscripciones".

3. EL "DOCUMENTO CONDIGN" (2000, DESCLASIFICADO EN 2006)

Estudio clasificado de Defensa británica concluye que muchos UAPs pueden deberse a "plasmas atmosféricos", pero admite que "algunos casos no se ajustan a ninguna categoría meteorológica ni tecnológica conocida".

"La mayoría de los fenómenos observados probablemente tienen una explicación natural, pero ciertos informes no pueden descartarse como meros errores de observación o tecnología conocida" (Scientific & Technical Memorandum 55/2/00, Proyecto Condign).

D – LECTURAS Y DOCUMENTALES RECOMENDADOS

I. Libros fundamentales

1. *INFORME SOBRE LOS OBJETOS VOLANTES NO IDENTIFICADOS*, EDWARD J. RUPPELT (1956)

Obra del director del Proyecto Blue Book. Primer intento serio de tratar el fenómeno desde una perspectiva institucional.
Ruppelt fue el primer militar en utilizar el término "UFO".

2. *THE UFO EXPERIENCE: A SCIENTIFIC INQUIRY*, J. ALLEN HYNEK (1972)

El astrónomo asesor de la Fuerza Aérea clasificó los encuentros en "primer", "segundo" y "tercer tipo". Texto pionero en tratar los ovnis desde la metodología científica.
"La ciencia no debe temer lo inexplicado: debe buscar comprenderlo".

3. *ABDUCTION: HUMAN ENCOUNTERS WITH ALIENS*, JOHN E. MACK (1994)

El psiquiatra de Harvard entrevistó a más de cien supuestos abducidos. Aborda el fenómeno desde una mirada psicológica y transpersonal.

4. *COMMUNION*, WHITLEY STRIEBER (1987)

Relato autobiográfico de abducción con gran impacto cultural. Fue bestseller y adaptado al cine.

5. *THE DAY AFTER ROSWELL*, PHILIP J. CORSO (1997)

El coronel Corso, quien trabajó en inteligencia militar, afirma haber tenido acceso a restos tecnológicos del incidente Roswell y su supuesta integración en la industria militar estadounidense.

6. *MIRAGE MEN*, MARK PILKINGTON (2010)

Explora cómo los servicios de inteligencia podrían haber utilizado el fenómeno ovni para ocultar tecnología militar y manipular la percepción pública. Inspiró el documental homónimo.

7. *EL COLEGIO INVISIBLE*, JACQUES VALLÉE (1975)

Uno de los libros clave del paradigma "interdimensional". Vallée sugiere que el fenómeno tiene una dimensión simbólica, cultural y posiblemente extradimensional.
"No estamos ante una simple visita espacial. Esto va más allá".

8. *La amenaza extraterrestre*, J. J. Benítez (1978)

Un clásico de la ufología española que recoge numerosos casos y entrevistas con testigos y expertos militares.

9. *Ovnis: alto secreto*, Antonio Ribera (1984)

Uno de los pioneros de la investigación ovni en España. Explora el silencio institucional y la censura.

10. *Ovnis: las 50 mejores evidencias*, Iker Jiménez (2005)

Recopilación de casos significativos con abundante material gráfico y testimonial, desde un enfoque divulgativo.

II. Documentales y series recomendados

1. *Unacknowledged* (2017, dir. Michael Mazzola)

Basado en el trabajo del Dr. Steven Greer, revela testimonios de militares de alto nivel y afirma la existencia de programas secretos de ingeniería inversa.

2. *The Phenomenon* (2020, DIR. James Fox)

Documental aclamado que ofrece una visión histórica e investigativa con acceso a informes oficiales, declaraciones de exfuncionarios y material inédito.

3. *Moment of Contact* (2022, DIR. James Fox)

Investiga el caso Varginha (Brasil, 1996), considerado el "Roswell sudamericano". Incluye entrevistas con testigos directos.

4. *Ancient Aliens* (History Channel, 2009–)

Serie que, aunque sensacionalista, ha popularizado el vínculo entre civilizaciones antiguas y visitantes extraterrestres. Útil como síntesis de teorías heterodoxas.

5. *Hangar 1: The UFO Files* (History Channel, 2014)

Basada en archivos de la Mutual UFO Network (MUFON). Recrea casos emblemáticos con dramatizaciones y entrevistas.

6. *The Secret of Skinwalker Ranch* (History Channel, 2020–)

Serie documental sobre uno de los lugares con más actividad anómala del planeta, según informes militares y científicos.

7. *Expediente OVNI* (RTVE, 1982–83)

Serie pionera en España conducida por Fernando Jiménez del Oso. Analizó el fenómeno con rigor para su época, combinando ciencia y misterio.

8. *Mirage Men* (2013, DIR. JOHN LUNDBERG)

Examina cómo el gobierno estadounidense pudo haber sembrado desinformación en la comunidad ovni como estrategia de guerra psicológica.

9. *Ovnis: PROYECTOS SECRETOS DESCLASIFICADOS* (NETFLIX, 2021)

Miniserie que repasa casos recientes y teorías sobre el ocultamiento sistemático del fenómeno por parte de los gobiernos.

10. *UFO* (SHOWTIME, 2021, PROD. J. J. ABRAMS)

Miniserie seria y bien documentada que explora los cambios recientes en la percepción institucional del fenómeno y el rol de los medios.

BIBLIOGRAFÍA

Abreu, Miguel Pedrero. *Los visitantes de dormitorio*. Madrid: Ediciones Cydonia, 2014.

Bourdieu, Pierre. *La fuerza del campo religioso*. Madrid: Trotta, 2001.

Carrion, Vicente-Juan Ballester Olmos. *Los ovnis y la ciencia*. Valencia: Plaza & Janés, 1990.

Casanova, Jorge. *Ovnis: El enigma sin resolver*. Barcelona: Martínez Roca, 2006.

Clark, Jerome. *The UFO Encyclopedia: The Phenomenon from the Beginning*. Detroit: Omnigraphics, 2018.

Corbell, Jeremy Kenyon Lockyer. *Bob Lazar: Area 51 & Flying Saucers* [documental]. Estados Unidos: Netflix, 2018.

Dolan, Richard. *UFOs and the National Security State: Chronology of a Cover-up, 1941–1973*. New York: Keyhole Publishing, 2000.

Freixedo, Salvador. *La amenaza extraterrestre*. Madrid: Ediciones Posada, 1989.

Good, Timothy. *Above Top Secret: The Worldwide UFO Cover-up*. London: Sidgwick & Jackson, 1987.

Greer, Steven M. *Unacknowledged: An Exposé of the World's Greatest Secret*. New York: A&M Publishing, 2017.

Hancock, Graham. *Supernatural: Meetings with the Ancient Teachers of Mankind*. New York: Disinformation Company, 2005.

Hopkins, Budd. *Intruders: The Incredible Visitations at Copley Woods*. New York: Random House, 1987.

Jacobs, David M. *The Threat: Revealing the Secret Alien Agenda*. New York: Simon & Schuster, 1998.

Jiménez, Manuel Carballal. *Ovnis, la agenda secreta.* Madrid: Luciérnaga, 2020.

Jung, Carl G. *Un mito moderno: Sobre cosas que se ven en el cielo.* Madrid: Trotta, 2005.

Kean, Leslie. *Ovnis: Generales, pilotos y oficiales hablan.* Barcelona: Planeta, 2011.

Keel, John A. *The Mothman Prophecies.* New York: Tor Books, 1975.

Klass, Philip J. *UFOs Explained.* New York: Random House, 1974.

Lopez Guerrero, José Luis. *Dimensiones ocultas: Ciencia y consciencia frente al fenómeno OVNI.* Madrid: Mandala Ediciones, 2016.

Mack, John E. *Abduction: Human Encounters with Aliens.* New York: Scribner, 1994.

Nick Pope. *Open Skies, Closed Minds: Official Reactions to the UFO Phenomenon.* London: Simon & Schuster, 1996.

Redacción del Ministerio de Defensa de España. *Documentos desclasificados sobre fenómenos aéreos anómalos.* Madrid: Gobierno de España, 1992–2000.

Vallee, Jacques. *Pasaporte a Magonia.* Barcelona: Ediciones Obelisco, 2000.

Vallée, Jacques y Aubeck, Chris. *Wonders in the Sky: Unexplained Aerial Objects from Antiquity to Modern Times.* New York: Jeremy P. Tarcher, 2010.

Zegarra, Marco A. *La creencia en lo extraordinario: religión, ciencia y fenómenos paranormales.* Lima: PUCP, 2022.

GRACIAS POR COMPRAR
ESTE LIBRO.
DESCUBRE MÁS EN
NUESTRA WEB: